U0932927

“亲爱的，给我做一盘你的拿手好菜吧。”

“这……抱歉亲爱的，其实我不会做菜。”

“你不是号称朋友圈里的美食家吗？

难道你晒的那些菜都不是你做的？”

“真的抱歉，那是我盗用别人的图……”

“什么？分手吧！”

……

写给每一个深受“虚假人设”之苦的现代人

完美人设

如何塑造一个不会崩塌的人设

〔日〕和田秀树 著
井思瑶 译

天地出版社 | TIANDI PRESS

图书在版编目（CIP）数据

完美人设/(日）和田秀树著；井思瑶译. 一成都：天地出版社，2020.1
ISBN 978-7-5455-5245-4

Ⅰ.①完… Ⅱ.①和… ②井… Ⅲ.①心理学一通俗读物 Ⅳ.①B84-49

中国版本图书馆CIP数据核字（2019）第206766号

JIBUN WO "HEIKI DE MORU" HITO NO SHOTAI
BY HIDEKI WADA

著作权登记号 图字：21-2019-268

WANMEI RENSHE
完美人设

出品人 杨 政
作者 ［日］和田秀树
译者 井思瑶
特邀策划 耿璟宗
责任编辑 王 絜 高 晶
特邀编辑 李光远
装帧设计 仙境设计
责任印制 葛红梅

出版发行 天地出版社
（成都市槐树街2号 邮政编码：610014）
（北京市方庄芳群园3区3号 邮政编码：100078）
网址 http://www.tiandiph.com
电子邮箱 tianditg@163.com
经销 新华文轩出版传媒股份有限公司

印刷 三河市兴博印务有限公司
版次 2020年1月第1版
印次 2020年1月第1次印刷
开本 880mm×1230mm 1/32
印张 6.5
字数 105千字
定价 42.80元
书号 ISBN 978-7-5455-5245-4

咨询电话：（028）87734639（总编室）
购书热线：（010）67693207（营销中心）

本版图书凡印刷、装订错误，可及时向我社营销中心调换

序言

现代人的人设为什么容易崩塌

这是个越来越讲究人设的时代。所谓人设，是指一个人表现出的外在形象，包括长相、谈吐、品格、行事风格、知识涵养……

以前，人们以“真人不露相”“名副其实”为美德。一个人的人设基本上是稳定的，很少发生某人一夜之间人设崩塌的事件。而在这个网络越来越发达的时代，人设崩塌几乎成了家常便饭。

网络的发展方便了人与人之间的沟通，但也激发了人们“急于求成”的功利心。在名与利的驱使下，那些善于自我推销的人，期望通过夸大、虚饰和伪装来塑造自己在某方面的完美人设，以赚取“名过其实”的利益。

让人担忧的是，这股风气竟然也吹进了学校里。举个例子，在日本目前已经有五成学校从以考试成绩为主的升学模式，变为由AO[1]考试（特长生特招考试）入学的升学模式；更有报告称，自2021年起，包括东京大学在内的所有大学，都将在入学考试时采用AO考试的形式。

这充分说明，比起学习成绩，今后能够更好地推销自己特长的学生将更有优势。我之所以反对所有大学的入学考试都使用AO考试的方式，不仅因为这么做可能会造成学生学习能力的下降，更是因为在海外，AO考试一般是由大量专职人员及面试专家来负责的。而在日本，AO考试时却只有学校的教员参与其中，这些在面试方面几乎是门外汉的教员，是否能够应付学生“虚饰”自我的表现，我对此深表怀疑。

---

1 AO是Admissions Office的简称，一般翻译成“招生办事处”。AO考试是一种以学生向大学提交展示自身特长的资料为主，以参考高中学业成绩为辅的入学考试方式。部分日本公立大学的AO考试甚至不需要参加面试，仅凭你提交的资料就可以判断录取与否。（本书脚注均为译者所加，后文不再说明）

生活中也是如此。比如，你经常会在自媒体上发现有些人几天前还是一个餐饮方面的门外汉，几天后就靠着每天发一些烹饪的图片和短视频，拥有一大群粉丝，摇身一变成了可以收费的美食家。而没过几天，这位美食家又会因为厨艺低劣而在一夜之间身败名裂……

这样的事情太多了。毫无疑问，这个时代总是对那些善于夸大自己的人更加有利。从心理学的角度来看，这些在网上混得风生水起的人，多半都具有表演型人格特质（书中将会对这一人格特质进行详细的分析）。没错，这样的人将更容易在这个时代生存。

实际上，在社交媒体的世界中伪装自己早已成为常态。当然，每个人都有给自己打造人设的想法，就连我也意识到自己具有强烈的自我美化的倾向。但是，我深深觉得这种自我美化的潮流真的要不得，于人类社会的诚信、脚踏实地等公认的传统美德而言，它是一种颠覆性的破坏。这将成为一个要命的社会问题。

那么，面对这样的不良风气，我们除了要练出一双识别“虚假人设”的火眼金睛以免上当之外，更要加强自身在自己领域的专业素养，以便我们在推销自己以求生存的同时，也能做到名副其实。因为人人都需要更好地生存，人人都需要人设，但我们需要的是名副其实的完美人设，而非容易破碎的虚假人设。

没错，某些人的人设之所以会崩塌，就是因为他的人设是假的。“虚假人设”之所以会如此横行，是因为自媒体催生了人性之恶。而要遏制这种人性的恶，并不是一件轻而易举的事。要改变这些，需要我们对自己内在人格结构做出深刻洞察和改变。深刻了解“表演型人格”和“自恋型人格”的本质，然后恰当运用它们，而非任其放纵。如此，才能塑造一个不会崩塌的完美人设。

其实，没有最完美的人设，只有更懂自我的人。

如果阅读本书能帮你塑造出自己的完美人设，那将会是笔者莫大的荣幸。

和田秀树

目 录

contents

第二章

“表演狂 · 自恋狂”盛行的时代

第三章

“表演狂”的本性

第四章 “自恋狂”的本性

第五章

现代人容易被“虚假人设”欺骗的心理原因

第六章

如何塑造一个不会崩塌的人设

第一章

谁在制造“虚假人设”

如今这个社会好像已经变成了夸大有理的社会。塑造自己的人设也像是成为一种常态。早日学会分辨什么是虚假人设，才能避免落入虚构自我的陷阱。塑造自己的真实人设，避免陷入人设崩塌的窘境。

迷惑世人的
“虚假人设”

我们正进入一个全民自媒体的时代，在这样的时代，几乎人人都活在自己的自媒体里。有人用微信，有人用微博，有人用 Facebook，有人用 Twitter、Line 以及 Instagram 等。总之，人们的社交活动仿佛在一夜间转移到了社交软件的世界中。

于是，我们的生活中就充满了这样一类人：

明明是第一次去高级餐厅，却拍个照片，发一条仿佛自己是常客的动态；

上传在街上拍的古典音乐会的海报，却佯装自己去聆听了这场音乐会；

在自己的书桌上放上英语报纸，然后拍照上传，伪装自己“学富五车”的样子。

……

像这样的事对他们来说已经是家常便饭，虚饰自己早已成为常态。越来越多的人尝试通过美化自己来打造属于自己的“完美人设”，以博得在某个领域的存在感。

有些人可能会觉得，“这种装模作样并没有超标”或者“这只是儿戏，无伤大雅”。

抑或有些人认为，人都有想要“美化”自己的倾向，所以没有必要对这种程度的美化那么敏感。

但是有些事，也许本人觉得只是“稍微美化了一下”，然而毕竟和实际情况不相符，一旦真相大白，势必会造成人设崩塌，让他人感觉受到了欺骗。

“咦，你不是高级餐厅的常客吗？”

“你不是很喜欢古典音乐吗？”

“你不是能读懂英语报纸吗？”

……

这是一个危险的信号，即“喜欢以过度虚饰自己来欺骗世人”的人正在不断增多。

他们若无其事地给自己塑造一种“完美人设”，以换取不明真相的人的好印象，我称之为“虚假人设”。接下来的时代，将变成这类人的主场，而普通人则更容易受到欺骗！

与日俱增的“虚假人设”，以及轻信他们的人们——由两者交织起的混沌的社会即将到来。

这样危险的未来图景不断出现在我的脑海中，让我十分担心。这种充斥着虚假面具的社会将剥夺人与人之间可贵的信任感，所以我想就此事先敲响警钟。

事实上，这种危害已初露端倪。如果造假仅仅存在于某些个人行为，那么事情尚不严重。重要的是，现在一些企业和媒体为了牟利，也正不遗余力地造假，而这很可能会造成极大的社会问题。

比如，某电视节目（《发现！真有其事大全II》）公然宣称纳豆对减肥十分有效，导致全国所有超市的纳豆售罄、断货。然而随后经过电视台内部的调查，发现该节目信息造假，于是对该节目做出了停播处理——该节目组在没有对胆固醇或血糖值做任何检测的情况下，就大胆地在节目中宣称食用纳豆有助于减肥，播出的内容可以说完全是在弄虚作假。

不过，在如今的电视节目中，夸张本来就是常态。因此对于这档电视节目的制作公司来说，这或许只是他们把原本就众所周知的“纳豆有益健康”的概念，“稍微夸大”成纳豆具有“减肥效果”而已。

实际上，造假事件一旦被揭穿，就会引发大量观众向电视台投诉，从而直接导致电视节目的停播。可见，认为自己受到欺骗的观众的怒火是非比寻常的。

还有一起令人记忆犹新的三菱汽车篡改油耗数据案，虽然也可以说只是“稍微夸大”了一些数据，但是民众却无法认同这种行为，最后闹得只能金钱赔偿。不仅如此，2016 年 5 月，三菱汽车更是公开表明公司将被日产汽车公司收购，再次凸显出“夸大”造成的后果的严重性。这更加说明了，错误地夸大自己的人设，是不会被民众所接受的。

此外，给明星塑造人设在现代电视媒体中也十分常见。好的人设，能够帮助明星迅速吸粉，也利于媒体炒作。但虚假的人设却是把双刃剑，一旦媒体的炒作被人揭穿，发现宣传与事实真相相违背，观众们就会失去对媒体的信任，大呼上当。

不仅媒体会为明星塑造人设，很多名人也会为自己塑造人设。有些人更是为了自己的利益，而过分夸大自己，为自己塑造虚假的人设。所以，近年来世人被夸大的虚假人设所蒙蔽的事件层出不穷。

例如，在日本著名的STAP细胞[1]学术造假案中的小保方晴子、著名音乐家枪手作曲案中的佐村河内守等，都是过分夸大自己导致人设崩塌的典型例子。

或许有些人不太清楚这些事件，我在此和大家简单地回顾一下：理研（理化学研究所）的研究员小保方晴子，于2014年1月在英国科学杂志《自然》上，以第一作者的名义发表了有关新型万能细胞STAP细胞的研究论文，因此一跃成为“理科女之星”，备受瞩目。但是后来却因为一再有人质疑其论文中的图片挪用造假，以致论文遭到撤回。后来她还为此召开了记者见面会向公众致歉，受到高度关注。

佐村河内守曾被美国的《时代》（*TIME*）杂志喻为

1　刺激触发采集多功能（英文全称Stimulus Triggered Acquisition of Pluripotency）细胞，简称为STAP细胞。

“当代贝多芬”，并且日本 NHK[1] 电视台的某节目宣称其为原爆第二代[2] 全聋天才作曲家。但之后他的代笔人，也就是他的一系列作品的真实创作者，他的音乐老师新垣隆于 2014 年 2 月在杂志及电视上坦言真相，使得他的丑闻人尽皆知。不仅如此，他自称全聋也完全是为了炒作，实际上他可以听到声音。为此，佐村河内守剪去一头长发、剃掉胡须，以一副截然不同的面貌召开了记者招待会，成为一时的话题。

1 NHK 即日本放送协会（日文全称にっぽんほうそうきょうかい，罗马音：Nippon Hoso Kyokai，取每一个词的首字母，因此为 NHK）。

2 原爆第二代即受到原子弹爆炸辐射影响的人的子女。

什么样的人更容易人设造假

既然这么多人都在塑造虚假的人设，那么我们该怎么分辨什么样的人更容易人设造假呢?

就像上面说的“理科女之星”和“原爆第二代全聋天才作曲家”，都是因为过分“夸大”了自己的人设，而导致了他们的人设崩塌，给人们留下了非常深刻的印象。所以，数位心理医生评论他们时，都称他们具有“表演型人格障碍的倾向”。

据我所知，针对小保方晴子提出如此看法的是熊木彻夫医生，而针对佐村河内守提出如此看法的是香山理香医生。他们认为以上两位都具有表演型人格障碍的倾向，所以才因为过度美化自己，最终导致人设崩塌。

表演型人格障碍，是精神障碍中人格障碍的一种。

所谓人格，是指一个人在人生舞台上的行为表现，或者是其所扮演的角色，也可以看作是一个人的“人设”。而人格障碍，正如其字面上的意思所述，是一种源自人格，且由认知模式、情感或人际关系等所引发的，导致患者难以适应社会或融入周遭人群的精神问题。

美国精神医学学会制作的《精神障碍诊断与统计手册》(*DSM-5*)，将人格障碍分为了“边缘型人格障碍”“反社会型人格障碍”“自恋型人格障碍”“表演型人格障碍”“强迫型人格障碍”“回避型人格障碍”“依赖型人格障碍”等 10 种类型。

至于上面所提及、闹得社会沸沸扬扬的那两个人被怀疑所具有的表演型人格障碍，有以下几个特征。

1. 自己没有受到关注就会不开心。

2. 与他人接触时常常表现得过于带有诱惑性或是挑逗性。

3. 情绪表现浅薄、变化无常。

4. 表达方式颇具风格但常常没有具体内容。

5. 自我戏剧化。

6. 态度夸张。

简单来讲，表演型人格障碍患者总是希望自己是人群中的主角。不过在现实中，一个人若没有经过精神科专家直接会谈诊察，就无法正确判断其是否真的患有人格障碍这种精神疾病。

而且专家也很难仅靠一次诊察就判断出他人是否患有人格障碍这种精神疾病，所以我们更不可能只通过媒体的报道就判定他们两人患有这种病。更进一步讲，就算一个人具有人格障碍的倾向，只要没有给本人带来痛苦，或是没有成为本人融入社会或职场的障碍，就不能诊断其患有人格障碍。

话虽如此，即使没有严重到患有人格障碍的地步，社会上具有这种人格障碍倾向的人却不在少数。例如刚刚所提到的*DSM-5*中判断边缘型人格障碍的一个标准就是“不恰当且强烈的愤怒，或者难以控制愤怒（如时常发脾气、总是发怒、经常与他人发生肢体冲突）”。在日常生活中，虽然没有像疯疯癫癫的阿寅和章鱼厂长[1]那样吵得那么激烈的人，但是我们身边却总是有那么一两个经常处于愤怒之中的人或是总是因为一点小事就生气的人吧？

也就是说，我们周围的有些人，虽然还不到患有精神疾病的程度，但是性格中具有人格障碍特征要素的人却很常见。

同样的，刚刚提到的小保方晴子、佐村河内守，虽然无法判断他们是否患有表演型人格障碍这种精神疾病，但是从媒体报道的他们的言谈举止中可以看出，他们具有表演型人格障碍的一些特征。

因此，本书将把那些不能称之为“表演型人格障碍患者”却具有表演型人格障碍特征的人，也就是近似表演型人格障碍的人，以“表演型人格”“善于表演的人”“表演型”等称之。

另外，自恋型人格障碍的特征中“想要受到他人注目”“希望自己是主角”这两点与表演型人格障碍的特征

1 阿寅和章鱼厂长皆是日本著名喜剧影片中的人物。

相似，所以本书针对近似自恋型人格障碍的人，将同样以“自恋型人格”“强烈自恋者”“自恋型”等称之。

为了吸引他人关注而过度夸大的“表演型”和为了突出自己独一无二的“自恋型”，都是会塑造虚假人设的常客，而探查自己内心，敢于面对真实自我的人却十分稀少。

所以，为了详细叙述通过虚构自我塑造虚假人设的人，以及这两种人格障碍的异同，我将会在本书后几章中做出详尽的说明，力图让大家更清楚地明白，为何这两种人更有可能夸大自己、为自己塑造一个虚假的人设，以及如何避免因过分夸大自己而导致人设崩塌，学会构建真实的自我。

“狂妄自大”的自恋型与“爱出风头”的表演型

无论是自恋型人格的人还是表演型人格的人都非常爱出风头，并且总是希望“自己是世界的主角”。

可能有些人会觉得，自大又傲慢的人容易被人讨厌，很难成为人群中的主角。但是在现实中，这样的人却意外地很受普通人的欢迎。

在美国，国民对于强悍的领导者的崇拜心理，让那些更加会表演自己、爱出风头，认为“没有人比我更伟大”的傲慢自大狂有了更多展示自己的舞台。他们在各大行业抛头露面，并产生了一定的影响力。与其说这种人是表演型人格，不如说更偏向于自恋型人格。其内心主要的想法便是“没有人比我更伟大”，所以我要站出来领导你们。

在美国，自大而傲慢的人几乎占据了半壁江山。即便是这样，美国也依然是世界强国。

甚至在世界经济下行，日本正因长期的经济萧条而苦恼不已，且欧洲经济也好不到哪里去的时候，美国经济却已经从雷曼事件[1]中逐渐恢复元气，人们的薪水也在不断提高。

因此看来，强势性的自恋型人格，并不像人们通常以为的那样没用。

而表演型人格的人虽然看起来理智且充满执行力，

1 2008年，美国第四大投资银行雷曼兄弟由于投资失利，在谈判收购失败后宣布申请破产保护，引发了全球金融海啸。

但是似乎总是缺乏一点自信，至少表演型人格的人不会像自恋型人格的人那样随口说出"没问题，包在我身上"这样的大话。

在这一点上，自恋型人格就拥有表演型人格所没有的强悍，而这种强悍源于自恋型人格所特有的自大、傲慢、夸张的自我表现。对于自恋型人格的支持者们来说，"跟着我就对了"这种特有的强悍正是他们的魅力所在。

不过，从崇拜强势这一点我们也可以看出，多数的美国国民正在丧失自信。因为人会从他人身上追求自己所没有的东西。

虽然说美国的经济仍然强盛，但这和从前强势的美国经济却有着明显的区别。也正因为众多的美国国民变得比以前贫穷了，所以自恋型人格的人就更容易让别人感到他们的强悍，也更容易受到别人的追捧。

其实，具有崇拜强者倾向的国家并非只有美国，全世界都有这个趋势。而且纵观人类的历史，崇拜强者的现象从未中断过。尤其在日本，看起来强势的人也更容易招人喜欢。

当然，这也可以说是因为社会贫富差距不断扩大，感到人生失意的人越来越多，所以才导致自恋型人格的人比以前更容易受到崇拜吧。

善用社交媒体造势的表演型

对于薪资下滑、零用钱减少、不得不拼命工作才能维持生活的上班族来说，纵使出国旅行变得再便宜，他们仍旧不可能轻易地去享受旅行。也正是这样，普通人开始更加羡慕那些有着自己生活的人，喜欢夸大的表演型人格也越来越被社会所接受。

先前曾说过，表演型人格的人会强烈地渴望得到他人的关注。由于这已经成为一种人格，因此当事人并不会觉得自己的表现有何不妥之处，这也算是表演型人格特征的一种表现吧。

表演型人格的人，为了增加自己的知名度，频繁地出现在各大媒体中，通过不断地夸大自己来塑造自己的人设。结果当人设崩塌的时候，自己就从批判的一方变成了受批判的一方，成为社会的负面人物，被社会所不容，真可以说是偷鸡不成蚀把米。

但是对于表演型人格的人来说，媒体的批评反而满足了其“想要受到关注”的欲望。之前提到的小保方晴子和佐村河内守就是如此。即便他们都召开了记者招待会对自己的行为做出说明或道歉，却也给人留下了他们在利用这样的场合来满足自己表演型人格“想成为主角”的欲望的印象。

尤其是小保方晴子，暂时沉寂了一段时间后，又改变态度，于 2016 年 1 月出版了随笔《那一日》(《あの日》，讲谈社)，成为销量 26 余万册的畅销书作者。更于同年 5 月在女性杂志《妇女公论》上与濑户内寂听[1]进行了特别访谈，再次受到世人瞩目。

所以我们才会说小保方晴子在事发后受到猛烈抨击而一度远离媒体不过就是做做样子，最后还是再次利用了媒体来满足自己“期待受到关注”“想成为主角”的表演型人格所特有的欲望。

说到这里，就应该提一下 2016 年被媒体疯狂炒作的胁坂英理子和肖恩 K。

1 濑户内寂听，小说家、僧人。出家前名为濑户内晴美，情爱小说作者。1973 年削发为尼，法号寂听，意为出离者寂然听梵音。

有“性感女医生”之称的胁坂英理子，一边经营着私人诊所一边频繁参加电视节目。她甚至曾在综艺节目中公开表示自己爱去牛郎店挥霍，成为一时的话题人物。后来她却卷入黑社会的谎报医疗费案件之中，因涉嫌诈骗遭到逮捕，2016 年 7 月被判处“3 年有期徒刑，缓刑 4 年”。

肖恩 K，即肖恩 · 麦卡德尔 · 川上（本名川上伸一郎）。他于 2009 年以年收入 30 亿日元的企业顾问的身份闪亮登场，之后便时常在《新闻站》《有财有料》等电视节目中担任评论员，极为活跃。不过后来周刊、杂志报道他的学历及经历可能存在造假，他本人也随即在官方网站上坦承自己之前所说的“美国天普大学毕业，拥有哈佛商学院工商管理硕士学位以及巴黎第一大学的留学经验”是捏造的，并公开道歉。

这两个人的人设崩塌后，在网络及社交媒体上，也有不少人怀疑这两人患有表演型人格障碍。

的确，他们所展现的都不是真实的自己，夸大也是事实。也正是因为展现的不是真实的自己，所以才导致了人设的彻底崩塌。

胁坂医生声称自己年收入5000万日元，佯装有钱，实则挥霍无度总是缺钱，有传言称她是因为缺钱才走上了谎报医疗费的不归路。

另外，她被捕时的素颜照片也被加以特写，与化妆后判若两人的容貌也引起热议。换句话说，这反映出她对自己容貌的刻意夸大。

据说她被逮捕时，她的博客点击率第一次冲上了综合排行榜第一名。这也可以说是以一种讽刺的形式满足了表演型人格“想成为主角”的欲望吧。

那么，肖恩K又如何呢？老实说，我不认为他是表演型人格。因为，肖恩K并非是为了获得关注而夸大自己的，看上去他更像是想借由夸大自己来获取更好的生活资源。

虽然有的人为自己塑造“完美人设”是为了满足自己“期待受到关注”“想成为主角”的欲望，但是也有人会为了利益而特意为自己塑造观众们想要的人设。然而，通过隐瞒真实的自我，塑造的虚假人设总归会有崩塌的一天。

也就是说，只有展示真实的自我，才能避免人设的崩塌，才能塑造出真正的完美人设。

迎合时代的虚假人设

正如开头所说，每个人都可能会为了获取关注而特意夸大自己，为自己塑造虚假的人设。但这并不表示，懂得夸大自己、为自己打造虚假人设就是顺应时代潮流的表现。

为了能在这样的时代中生活得更好一点，势必有人会选择扮演非真实的自己获取利益。简言之，人格没有问题的人有时候也需要“演戏”。例如“Hajime Hana & The Crazy Cats”[1]的成员植木等[2]。

植木等是二战后日本经济高速成长时代具有象征意义的喜剧演员，出名到只要是昭和时代出生的人无不知道他是谁的程度。他所出演的电影《日本无责任时代》爆红，导致他也给人留下了没有责任感的印象。

---

1 Hajime Hana & The Crazy Cats是由爵士乐团、搞笑艺人、歌手组成的日本喜剧团体。

2 植木等（1926.12.25—2007.3.27），演员、歌手、吉他演奏家。

但事实上，植木等自小就是个非常努力且认真的人，听闻他曾因需要扮演没有责任感的男人的角色与真实的自我之间的落差太大而甚为苦恼，直到后来在父亲的开导下才逐渐释怀。而在此我想要说的是，如同上文所述，即使不是表演型人格，为了生活，人有的时候也会需要“演戏”。

换言之，要是通过扮演非真实的自我能够过上更好的生活，或是社会需要的角色是非真实的自我的话，那么有人会特意选择展现非真实自我的生活方式就没什么好奇怪的了。

肖恩 K 虽然夸大了自己的学历与经历，但对他而言，这不过是为了适应这个夸大有理的社会而制作的一张入场券罢了。

肖恩 K 夸大学历、经历一事被曝光后，他那战战兢兢的样子，以及边哭边谢罪并无声无息地淡出媒体（没有召开盛大的记者说明会）的做法，显然与不觉得夸大自己有何过错的小保方晴子截然不同。这也就是说，肖恩 K 并不具有表演型人格的特征。

我在现实中曾与肖恩 K 有过一面之缘。那时我受他本人之邀，出席了他主持的谈话节目，结果后来被人说成“撰写《世界上最容易上当的日本人》一书的和田秀树也被肖恩K给骗了”。当然，我并没有被骗，不过是受委托完成了一份工作而已。

当时，我没有怀疑他的经历，但也并非因为他学历、经历优秀才去参加他的节目。或许是因为我对头衔不怎么重视吧，所以我很少用头衔去判断一个人。反倒是他谦和有礼的邀约让我很难拒绝，这才是实情。

其实当时肖恩K给我留下的印象是说话很诚恳。如果是表演型人格的人，应该会以超乎常识、出人意料的发言来吸引别人的注意。但是肖恩K却一再重复说“今后的时代如果不会表现自己可真是不行啊”这一类的老话，让我不禁觉得“想不到他是如此普通”。

那么，为什么像肖恩K这样的普通人会去“夸大”自己呢？我想是因为他选择了迎合这个时代的生活方式吧。感觉好像没有一个“完美人设”就在这个时代生活不下去了。

虽然，称夸大经历、学历的人为普通人肯定会有很多人难以接受，但我想说的是，在这个夸大有理的时代，我们身边有像他那样的人存在也并不奇怪。某种意义上讲，他们也是时代之子吧。换句话说，肖恩 K 这样的人是这个时代的产物。

我最近看电视时常常会想："现在如果不懂得装腔作势实在很难成名呀！"

例如听说以毒舌出名的某艺人，虽然在摄像机前一副对前辈也摆着架子出言不逊的样子，但平时却非常谦和有礼。他会提前在后台和前辈道歉说："这是我的表演风格，还请多多包涵。"

我也多少知道一些幕后的事情，所以我相信这并非虚传。也就是说，那位毒舌艺人不过是在扮演有利于出名的形象而已。当然，平时就很骄横的艺人也大有人在。

在以前，不管是为了出风头而虚张声势的人，还是真的爱摆架子嘴很毒的人都不招人待见。但现在却大不相同，虚张声势、夸大自己的人更容易受到别人的青睐。所以才导致卖人设成为这个时代的主流。

肖恩 K 或许没有虚张声势、爱摆架子，但他通过给自己塑造虚假的人设，夸大自己的学历、经历让自己看起来更优秀。这一点也可以说是为了顺应当今时代的潮流而采取的手段。

除此之外我想说，肖恩 K 所引发的风波其实恰好击中了日本人最大的软肋。

其实不同的人设并没有对与错的区别，区别只在于，你是否忠于自我。那些过分夸大自己的人，总有一天会被揭穿真相，导致人设彻底崩塌。

容易被夸大的三种人设

日本人的软肋有三：亲欧亲美、崇拜高学历、崇拜会说英语的人。所以才导致具有这三种人设的人更受人们的普遍欢迎。

日本人之所以亲欧亲美，大抵是因为自明治时代以来，日本的近代化，以及政治、经济、宪法、刑法等近代国家需要的体系大多是从欧美学习来的。也就是说，日本的近代化大部分建立于对欧美国家的模仿之上。

另外，二战后的日本人之所以会那么积极地将汽车、冰箱、洗衣机、电视、吸尘器等引入自己的家庭，也是因为通过电影或杂志，看到了并憧憬着欧美人，尤其是美国人的生活方式。年轻人喜欢的流行元素、音乐也大多源自欧美。

所以说，日本的近代化若脱离了欧美便无法成立。大概也是这个原因，日本人在欧美人面前才总是抬不起头来。

很早以前，就总有人说日本人对欧美人，尤其是白种人有着特殊的情结，我想这大概是事实。正因为存有这样的情结，导致只要对方是欧美人，日本人就会投以崇拜的目光。

据说肖恩 K 曾提到自己长了一副欧美化的脸孔是因为具有美国血统，但实际上这也是“夸大”出来的。不过，这种“夸大”对日本人却很有效，所以他才能频繁地在各式媒体上露面。

“崇拜高学历”也是日本人的一大软肋。事实上，大部分日本人往往更注重他人的学历而非人品。我虽然不是反学历论者，但也不认为借由学历来评判他人是完全错误的。

比如，应试教育也可以培养出“努力的能力”“用脑的能力”“丰富的判断力”“时间规划的能力”等，那么能够通过严格的层层考试而考上大学的高学历者，至少在这些点上比没有学历的人要更胜一筹吧？

当然，这并不代表所有的高学历者都是如此。即便考上了大学，数年后优劣关系也可能再次发生逆转。

从东京大学或早稻田大学落榜，考进明治大学或日本大学，后来应届通过司法考试的人，与东京大学毕业后司法考试落榜 5 次才合格的人，若以 23 岁的时间点来看，理所当然人们对前者的评价会更高。但是，假如数年后两人都成了律师，日本人一定会觉得东京大学出身的人更加优秀。

另外，到了 40 岁左右，无论一个人毕业于哪所大学，只要看看他有没有一直坚持学习、不懈努力，大抵都能判断出他是否算得上能干的社会人士，这或许是保持自己人设的好办法。但是人们却仍然习惯只用学历进行判断，从而造成了有一些人为了获取关注、获得利益而去为自己伪造学历，给自己塑造一种高学历成功人士的人设。

出身于一流大学的人总是能获得较高的评价，如果是国外的名校出身，那就更不用说了。这也是很多表演型人格塑造自己名校出身的人设的原因，因为更好的大学就意味能获得更多的关注。

所以，日本人看到肖恩K夸大的学历，即“天普大学毕业，哈佛商学院工商管理硕士，曾在巴黎第一大学留学”才会那么崇拜。在这一点上，肖恩K直接命中了人们看重学历更胜内涵的软肋。

最后的一个软肋是“崇拜会说英语的人”，或者说崇拜具有“会说英语”人设的人。

从古至今，日本人的英语情结从未改变过，所以才会有那么多人为了能够拥有“会说英语”的人设而去上英语补习班。这本没有什么错误，但是盲目地崇拜一个会说英语的人，真的好吗？会说英语就代表一个人很聪明吗？并非如此吧？

正如生在日本、长在日本的人自然就会说日语一样，生在美国、长在美国的人会说英语也只是理所当然的吧。这与工作能力或学历无关，生长在那样的环境中，能够看懂英语的电视节目或电影，能够理解英语的歌词，能够用英语购物，是再普通不过的事情了。

我们如果也生在美国、长在美国，自然就具有“会说英语”的人设。因此，语言只是一种工具，并不能作为判断一个人聪不聪明的标准。

在美国，哪怕英语说得再烂，只要言之有物，便会受到人们的尊敬。相反，英语说得再流畅，要是说话内容空洞，也会被视为知识水平低下的人。

所以要想塑造一个不会崩塌的人设，只会说英语是不行的，还要有真实的内涵才能得到大家的认可。

我曾到美国的研究生院（postgraduate school，已取得博士学位的人继续深造的学校。在美国当医生，原则上都需要有博士学位。这种说法可能会有自我夸大之嫌）学习，之后也有过好几次访美经历，所以对此有非常切身的感受。我为此还出了一本书《学英语口语是在浪费时间！》(《英会話は時間のムダ！》，Goma Books)。

认为肖恩 K 英语说得像母语一样好的人不在少数。这或许是真的。但是，说的话是否有内涵那就另当别论了。

好比说，肖恩 K 若是留下了几句名言，就会有“他说话如此精辟，想必头脑一定很好吧”诸如此类的评价，但我从未听到过什么肖恩 K 语录这样的东西，所以会认为他说话没有内涵也是可以理解的吧。

“但是，他可是电视评论员，头脑应该很好吧？”有些人大概会这么想，但其实觉得“电视评论员头脑就是好”这种想法本身就很奇怪。正因为这么想的人很多，才会上了夸大自己的人的当。

大体上做电视评论员不需要通过任何审查。可能因为他们是导播或制作人的熟人，或是其名字在杂志上出现过之类，电视台很少会用专业水平来挑选评论员。

当然，如果邀请像我们这样的学者作为电视评论员的话，需要我们提供的便是专业的知识参考，所以会加上“精神科医生……”“荣获××奖项”等头衔（东京大学的教授则只需写上“东大教授”就可以了）。

最后，本章虽然有点过长了，但是我想大家应该已经理解了这就是个可以容忍若无其事“夸大”自己的人存在的时代，塑造自己的人设已经变成了每个人都在做的事情。

也就是说，具有表演型人格的人或具有自恋型人格的人正在不断增多。又或者说，社会对他们的容忍度越来越高了。无论如何，我们若是对这些人没有免疫力，很容易就会上当受骗，成为受害者。同时，他们也让我们深陷虚构自我的旋涡之中无法自拔。

但是，我们也要塑造属于自己的完美人设，尝试学习他们的长处，并避免他们所犯下的错误。一个良好的人设，可以让你更好地在社会中获得更多的成功。而一个完美的人设，其实就是一个更加真实的自我。勇于把它展现出来，这才是打造完美人设的正确方法。

因此，我们要锻炼自己识破对方虚假人设的眼力，避免上当受骗，同时学会如何打造自己的完美人设。那么，从下一章起，我将针对上述内容做更加详尽的说明。

第二章

“表演狂·自恋狂”盛行的时代

谁在用“虚假人设”欺骗你？

你又为什么会上当受骗？

点“赞”要警惕！不断增多的“表演狂・自恋狂”

在日本，现在的大学入学考试不再是学力的竞争，而变成了人品的竞争，真是非常奇怪的现象。

比如私立大学的新生，有五成以上是经由推荐或附属学校直升（这种形式本质上也是通过附属学校的老师推荐入学），又或是通过 AO 考试入学的。

其中，AO 考试的特征在于通过面试或小论文来考察学生的适应性以及入学欲望是否符合学校的期待。与以往通过考试成绩来筛选学生的方式不同，AO 考试是一种试图通过更多元的角度去评价学生的制度。

但是日本的 AO 考试存在着很大的问题。因为在小论文上或面试时学生可以无限地夸大自己，只要能够给审阅论文的考官或是面试官留下好印象，就大多能够通过考试。

实际上，学习成绩不好甚至于连日文读写都有问题的学生，正在通过 AO 考试进入大学，这就是残酷的现状。所以有人甚至开玩笑说："AO 就是'笨蛋[1] 也 OK'的简写。"

而现在采用 AO 考试的方式来筛选学生的不仅限于私立大学。2016 年 2 月，东京大学也开始采用 AO 考试，并通过这种方式录取了 77 名新生。

不仅如此，自 2021 年起包括东京大学与京都大学在内的所有大学都将在入学考试时引入 AO 考试。长此以往，在教育领域内，对于"如何展现自我"的重视将超过对学习能力的重视，而善于美化自己的人也会越来越多。

当然，现在已经有不少通过 AO 考试进入大学的人陆续毕业，走入社会。

可以说，作为表演型人格代表的小保方晴子就是通过 AO 考试进入早稻田大学的。我们或许可以这么说，

1 日语中的笨蛋写作あほう，音标是 a ho u。

近年来的日本教育体制很容易培养出爱自夸的人，这从她的身上即可窥见一斑。

同时，爱自夸者增多的另一主要原因，我认为是社交媒体的普及。诚如在第一章中提到的，有很多人都在使用 Facebook、Line、Instagram 等社交软件。某市场调查公司的调查数据显示，截至本书执笔时的日本国内各社交软件使用人数分别如下所示：

· Line——5800 万人

· Twitter——3500 万人

· Facebook——2400 万人

· Instagram——810 万人

若将上述数字相加，则是 1 亿 2510 万人，可见使用群体相当庞大。当然，各个软件的用户难免有所重叠，单单将人数相加并不能得到社交媒体的实际使用人数。不过，这 1 亿 2510 万人的数字已近乎等同于日本的总人口数了，不得不说社交媒体的普及率实在惊人。

除此以外，使用博客、个人网站、Youtube 或是

Niconico 的人也不在少数。这个时代，可以说是给每个人都准备了向大众展示自己的舞台与机会，每个人都有机会去塑造属于自己的人设。

利用这些社交工具，给自己塑造“更有魅力”“更美”“更可爱”“更有智慧”“更强”“更有能力”人设的人，诚如我之前所说，大多是在“夸大”自己。

在这些给自己塑造虚假人设的人当中，既有表演型人格的人，也有自恋型人格的人。而这两种人格有相似之处，也有相异之处。那么接下来就让我们来比较一下这两种人格。

两种人格障碍的诊断标准

我们这里想要探讨的表演型和自恋型，都是以一种名为“人格障碍”的精神障碍作为论述依据的。那么我们就先来确认一下它们两者分别具有什么样的特征。

第一章中曾介绍到的由美国精神医学学会制作的《精神障碍诊断与统计手册》(*DSM-5*)，对表演型人格障碍和自恋型人格障碍的诊断准则做了如下说明。

◇【表演型人格障碍】

简单来说，意指那些过度情绪化，不惜利用演技、谎言甚至性诱惑来吸引周围人的注意。

表现符合以下 8 项特点的 5 项及以上。

1. 当自己不是众人注意的焦点时便会感到不开心。

2. 与他人互动时，经常表现出不恰当的性挑逗或挑衅行为。

3. 情绪表现肤浅且变化极快。

4. 利用自己的身体外观来吸引他人的注意。

5. 说话风格夸张但没有实际内容。

6. 情绪表达夸张、具有自我戏剧化的特点。

7. 容易被暗示（也就是说，容易受到他人及环境的影响）。

8. 自己理解的与他人的关系比实际上更亲密。

◇【自恋型人格障碍】

简单来说，意指那些很爱自己，认为自己特别强、特别优秀，强烈希望得到他人赞美，却从不夸赞他人的人。

表现符合以下 9 项特点的 5 项及以上。

1. 认为自己极其重要（例如：夸大自己的业绩或才能，尽管没有取得多少成绩，却希望别人认可自己优秀）。

2. 总是陷入对无止境的成功、权力、金钱、才华、美貌，或是对理想爱情的幻想之中。

3. 认为自己是特别的、独一无二的存在，只与那些同样特别或是地位极高的人（或团体）有共鸣，并相信自己应该与他们为伍。

4. 总是过度希望得到赞美。

5. 怀有特权意识（例如：不合理地期待自己拥有特殊待遇，或认为别人应毫无理由地顺从自己）。

6. 不恰当地利用他人（例如：为了达成自己的目的而利用他人）。

7. 缺乏同理心——不去考虑或不愿考虑别人的心情或要求。

8. 善于嫉妒，或是认为别人都嫉妒自己。

9. 态度或行为显得傲慢且自大。

（美国精神医学学会《精神疾病诊断与统计手册》）

以上就是两种人格障碍的辨别要素。因为这些是精神疾病的诊断标准，因此即使符合 5 项以上，但只要是短暂性的，又或者如前文所说，没有造成临床上的显著痛苦，或在社会、职场及其他重要领域没有产生功能障碍，就不算是患有人格障碍。

也就是说，即便符合的表现达5项以上，也不一定就是患有人格障碍。

所谓的“短暂性的……不算是患有人格障碍”的意思是，以自恋型人格障碍中的“总是过度希望得到赞美”为例，平时不怎么会邀功求赏的人，在自己完成一个大项目或重要任务时，短暂性地，也就是一时性地迫切渴望得到赞美，像这类的情况就不能说是患有人格障碍。因为以常理来说这是很自然的表现。

另外，“若在社会、职场及其他重要领域没有产生功能障碍，就不算是患有人格障碍”的意思是，例如自恋型人格障碍的特征之一的“态度或行为显得傲慢且自大”这一点，就像那些觉得“没人比我更伟大”的自大又傲慢且符合自恋型人格障碍的其他诸多特征的人，只要没有因此遭到他人的厌恶而无法正常工作，或是本人没有因此感到痛苦，没有在社会上“产生功能障碍”，就不能诊断为自恋型人格障碍。

也就是说自恋型人格的人，只要他能正常地工作生活，而且他本人也没有因自身的人格感到痛苦的话（大约没有），就不算是患有自恋型人格障碍。

表演型人格的人和自恋型人格的人都具有“想获得关注”“想成为主角”的强烈欲望，那么两者的区别在哪里呢？从刚刚的诊断标准上也不太容易看出差异所在，所以我想试着用更简单易懂的比较方式来说明。

表演型人格
与自恋型人格的区别

表演型人格障碍患者的特征有“自我戏剧化”和“情绪表达夸张”。

简单来讲，自我戏剧化的意思就是认为自己是电视剧中的主角，所以更容易夸大一个虚假的自我。他们认为自己一直是命运起伏难料的电视剧中的主角。因为是主角，自然就得是众所瞩目的焦点。所以，他们说话、做事也都像是在演戏。

一件悲伤的事会演出十成的悲剧，一会儿哭一会儿笑，情绪起伏激烈夸张，即使在人前也毫无顾忌。这便是表演型人格所具有的特征：自我戏剧化和情绪表达夸张。

另外，自恋型人格障碍患者的特征有“过度希望得到赞美”“夸大性”及“缺乏同理心”等。

“过度希望得到赞美”是表演型人格和自恋型人格的共同特征。

夸大性是指每件事都表现得很夸张。只不过这一点在表演型人格身上体现得更加明显，这也是自恋型人格与表演型人格的不同之处。具有自恋型人格的人很少会把自己想象成悲剧的主人公。他们大多会保持着“没有人比我更伟大”的心态，一心只想着美化自己以获得他人的赞美。

在对他人的态度上，自恋型人格的人基本上比表演型人格的人显得冷淡，因为他们完全不会考虑别人的心情。这是由于他们本来就欠缺替他人着想的能力，也就是“缺乏同理心”。

而相对的，表演型人格的人则常常会有夸张的情感表现，虽然情绪起伏非常不稳定，但有时也会给人以热情的印象。表演型人格的人会在记者招待会上突然哭出声来，或是突然大声嚷嚷起来，虽然会让人觉得很不像样子，但如此表达情感的行为模式是自恋型人格者很少会有的。

我们在这里做比较的几点，都是对人格障碍这种精神疾病的诊断标准，至于如何判断表演型的人与自恋型的人，只要对照有没有上述那些性格倾向就可以了。

“爱夸大”的虚假人设

表演型人格的人和自恋型人格的人内心都渴望成为人群中的主角，所以两者都具有强烈的“爱夸大自己”的倾向，都有可能为了获取关注而塑造虚假人设。

并且如先前所述，社交媒体的普及正在让“爱夸大”者不断增多，让更多的人有了夸大自己、虚构一个虚假人设的机会。

“就算这样又有什么问题呢？”也许会有人持有这样的疑问。“谁愿意夸大自己就夸大好了，和我有什么关系？”也有人会这么认为吧。

但是，只要是使用社交媒体的人，总有一天会掉入他们设下的人设陷阱。

那些“爱夸大”者最擅长的就是美化自己。实际上，有很多表演型人格的人与自恋型人格的人给自己塑造的人设都非常有魅力。之前的那些例子里的人物也是如此，在问题发生前，每一个都深受人们的欢迎。

这是因为他们日夜都在努力研究“如何营销自己能让自己看起来更有魅力”“如何给自己塑造能被所有人喜欢的完美人设”。

像这样塑造“完美人设”的人若身处社交媒体的世界中，很可能有不少人会被其吸引，给他们的文章留言点赞，成为他们的追随者。

如此一来，当彼此间关系变得更加亲密，也许就会想要约出来见面。特别对于现在的年轻人来说，社交媒体是邂逅的渠道，所以在线下见面也是十分有可能的。

如果见面后对对方感到失望，只能说明对方的“自我夸大”还不够熟练。只是这样的话还不会引起太大的问题。不过既然是“爱夸大”的人，就算碰面也只会看到他们极富魅力的一面吧？

但是，当相处时间变长，自然会渐渐感觉到对方的任性与自私，直到对方“夸大”的面具被掀开，人设突然之间崩塌，之前感受到的魅力也会消失殆尽，从而品尝到无尽的失望。

如果是朋友关系的话可能也就这样算了，但是最近在社交网站上认识后发展成工作伙伴的案例也不在少数。

例如有些从事口译或笔译工作的自由职业者，会在Facebook上设立工作专用账号，作为工作接洽的工具。当然也有一些非专业人士，会在社交网站上处理一些非正式的工作。

听说朋友的朋友英语很好，所以请他帮助自己翻译书信，或是请很会做小首饰的人帮自己做个首饰之类的。当然这些非正式的工作也不是免费的，多多少少会支付一点报酬。

但如果对方是个夸大了自己的人的话，事情会变成什么样子呢？如果相信了他们夸大的“我具有这种能力”“我有这方面的技术”“我有这样的业绩”而将工作交给他们，当发现他们完全没有能力时，大概会觉得受到了欺骗吧。视情况不同，有时可能还会造成金钱上的损失。

心灵因而受创或浪费过多时间也是常有的事。例如一个女生因为男友太忙没时间陪她，虽然她不想分手，但为了排遣寂寞便在社交网站上夸大其词说："最近和男友相处得不太好……"以凸显自己"身陷于苦恼之中"的样子。

如果正好自己有过处理类似烦恼的经验，或许会出于同情而想要帮助她吧。但是，当知道对方只是在夸大其词时，会不会觉得自己这么热情就像傻子一样?

尤其是对什么事都非常认真的人，很容易相信对方讲的任何话，当知道真相的时候大概会很受打击吧。

也许有人会说，"夸大其词"的事不要暴露出来就不会有人受打击了吧。

但是，夸大其词在某种意义上来说就是在骗人，也就是说虚构出来的人设其实是假的，谎言是很容易被拆穿的。因为说谎的人为了圆一个谎话就要不停地继续编造新的谎言，这样很容易就会前后矛盾，从而被人看穿。

所以说，某个人的"夸大其词"，是很可能让他人在心理上、财产上、时间上受到损失或打击的。

如此看来，在社交网站极为普及的现代社会，除了爱夸大者外，被他们蒙蔽、耍得团团转的人也在跟着增多，这是不争的事实。这也是造成现在靠卖人设活着的爱夸大者正在逐渐增多的一部分原因吧。

所以，想要塑造一个完美人设，还是不要夸大其词比较好。

警惕那些“爱夸大”的人

“卖人设”的人是最近才出现的吗?

善于夸大自己的人自古有之，依靠夸大其词来骗人的骗子也是从很早以前就存在的，到了现如今更是越来越多。

例如大家所熟知的，艺人经常会谎报自己的年龄、身高或三围等。这无论在以前还是现在的演艺圈中都是理所当然的事，就算真相被曝光，也不会引起什么大问题。但是那些相信他们的粉丝就会受到一定的心理伤害，觉得自己受到了欺骗。

当然，如今已进入网络时代，学历、经历等人设造假的情况很容易就被拆穿，我想这类事件应该也会逐渐减少吧……

但是，在还没有社交媒体的时候，交际关系不如现在这般开阔，个人也很难同时向多数人发送信息。因此，几乎不会有因个人所发送的信息导致多人被卷入其中的案件发生。

但是现在却不同了，住在北边的人可以很平常地和住在南边的人通过社交媒体互相认识，交友关系可以一下子拓展到国内全境。

如果再会一点英语的话，甚至可以把整个世界当作舞台来营销自己。像这样，随着“爱夸大”者活动的舞台越来越大，被他们所欺骗的人自然也会随之增多。

这么一来，似乎无法安心地对这个社交媒体迅速普及、人与人之间的联系迅猛扩大的时代感到由衷的高兴了，因为很可能到处都是人设陷阱。

尤其是现在的人都很天真（英语中有 naive 一词，在英语圈内指的是容易上当的傻子，在日本却具有正面的意思，多指纯真的人。大概是外国人使坏时用了 naive，之后为了蒙混过去解释成了纯真的意思，结果就这么留了下来），被骗的人一定不在少数。

首先，我们得先认清“爱夸大”者平时就存在于我们周围的事实。这是预防上当受骗的第一步。

媒体中的虚假人设

在电视圈中，“爱夸大”者十分猖獗。很多爱夸大自己的人经常出现在电视之中，为了让自己看起来更聪明、更像贵妇，或是为了塑造反派形象而故意暴露自己的缺点，等等。

他们隐藏起真实的自我，只表现出虚构的自我。简言之，他们扮演着虚假的自己，给自己打造虚假的人设。

那么，只有“爱夸大”者才会演绎虚假的自己吗？其实并非如此。无关夸大与否，在电视圈中，扮演虚假人设的人本来就很多。

举个例子，一位女高中生深夜在繁华的大街上徘徊，结果被卷入某案件成为受害者。这种情况下，电视上是不允许做出“受害者不是也有错吗”这一类的发言的。因为要是有任何被视为在嘲弄受害者或是维护加害者的言论出现，观众的投诉就会蜂拥而至。

在现实世界中虽然有人会在酒后闲谈时讨论“女高中生深夜在繁华的街道上徘徊，她的父母也不知道怎么当的”，但是像这样拥有一般人正常的感受，也就是会说真心话的人，不适合出现在电视上。

而电视上常常出现的公众人物，实际上大都是能够迎合观众来发言的人。能够长期混迹于电视圈的人，不是具有“懂得电视上的说话之道才能活在电视圈中”的生存意识的人，就是绝不会说真心话、只是表演出受电视观众欢迎的形象的人。

先不说这么做是好是坏，他们都是对电视圈有着极高适应能力的一群人（反过来说，也是容易被操控的一群人）。

在电视圈，相较那些发言谨慎的人，没有任何证据就敢断言是非的人更容易受到重用，而且这种人实际上是很多节目的常客。

就比如说，有时会看到那些自称是脑科学家的人在电视上发言。但那些持续研究先进医疗技术的医生，或是根据种种假说进行实验却切身体会到多数的假说都难以验证的认真的研究者，大概会想："真是不知羞耻，像这种还处在假说阶段的事也敢说得那么肯定。"实际上，使用活人的脑部来做实验是不太可能的（不过可以利用影响间接进行实验），所以在脑科学领域谈论的一些观点几乎都是停留在假说阶段。

但是在电视上，相比“这还处于假说阶段……”这种谨慎的发言，“我们目前已经清楚知道……”这种绝对的说法更具有冲击力，更容易被观众接受。所以，相较于那些发言谨慎的人，电视台更愿意让说话比较绝对的人来上电视。

那些常在电视上出现的人，常常将毫无根据的事说得跟真的一样。例如，发生了青少年犯罪，就会在电视上评论说“最近青少年犯罪正在增加……”，观众一听便会暗自心想："啊，原来是这样啊。"因为这是看起来很有来头的公众人物说的，所以观众很容易就信以为真了。

但是，若试着去了解一下安全局少年科发布的资料（《青少年犯罪形势报告》）的话，便可知少年因刑事犯罪被逮捕人数，自 2004 年起至 2015 年止，12 年间都是连续减少的。

像这样只要稍加调查一下就会被揭穿的谎言也能无所顾忌说出口的，正是这群电视上的文化人；而有些电视台更是毫不在乎地播出这些虚假信息。

又如，在现场直播中，受到质问的人有时会回答："有关这一点我无法在此立即回答，请容我认真调查后再进行答复。"结果随即就会有人从观众席跳起来质问："为什么不能立即回答？你想糊弄过去吗？"

但是，若从现实层面考虑，受质问的人表示无法立即作答的说法并无不妥，反倒是立即以不属实的回答作答的人更让人无法信赖吧？

但是，在电视上比起正确或真实，能够代替观众迅速地做出"这是 A，那是 B""这么做是对的，那种行为是错误的"这种判断的人更有利用价值（但是，电视制作人为了逃避责任，绝不会让主持人或旁白来说出这种没有根据的话，往往都是以评论者个人发言的形式来呈现。因此，在旁白中是一定不会听到"青少年犯罪率逐年增加"这种言论的）。

当然，评论者所说的也并非全是真心话。他们只不过是说出电视台喜欢的言论，好提高自己的利用价值罢了（我去参加节目时，偶尔会在插播广告时询问他们的想法，他们的真实想法常常会与他们在电视上说的不一致）。他们也只是试图利用这种做法在电视圈中存活下去。

这样的话，就不能轻易听信他们在电视上的发言。尤其是敢断言的人所说的话相当具有说服力，观众们很容易轻信，所以我们更加需要小心这类人。

“爱夸大”的人，以及扮演虚假人设的人——这群人通过电视大量散播着无凭无据的信息；而相对的，也有一群天真地（按前述的意思而言）相信他们的一般大众。

这些“爱夸大”的人和“爱听绝对的言论”的人让这个时代喜欢迎合观众而弄虚作假的人越来越多。在这个我们所生存的社会中，若没有“信息不可轻易全盘接受”的基本态度，肯定很容易被“爱夸大”者的虚假人设所欺骗。

不要轻信屏幕里的人

我出生于1960年，那正是电视机在日本逐渐普及的年代，电视机、冰箱、洗衣机被称为“三大神器”。

由于我父母亲成长的年代电视机还没有出现，因此他们对电视的警觉心很强。他们已经习惯报纸、杂志、电影、广播这类传统媒体，对电视这一新媒体保持着距离，怀有还不能信任的想法。

实际上，在我父母那个年代，大学毕业后如果没考上报社、杂志社、电影公司或电台的话，才会去电视台工作。虽然现在能够进入电视台工作的人都被视为精英，在当时却是二流人才。

另外，当时人们对出现在电视上的人的评价也非常严苛，认为会去上电视的大学教授一定都是二流的。父母还经常会警告当时仍是孩子的我们：“看电视会变傻。”

我们这个时代的人因为受到父母对电视的冷漠态度的影响，并没有完全成为电视迷。但如果我们被称为第一代电视迷的话，我们的下一代，因为他们的父母成长时电视就已经存在，他们对电视可以说是深信不疑。不仅如此，他们还将电视权威化了。这也就是第二代电视迷。

自第二代电视迷起（有些地方自第一代电视迷起就给人以这种印象），他们普遍认为上电视的名人、学者都是杰出的，认为上电视的人就是一流的。结果就是，在电视上引人注目的人就会广受欢迎。

当然艺人也是如此。以前大众认为上电视的艺人是二流的，那些能在剧场演出、登上舞台的艺人才是一流的。现在反倒是将舞台抛到了一边，大家都只想着上电视。因为在电视上曝光才容易走红。

我认为从第一代电视迷到第二代电视迷的变迁是关键所在。第一代电视迷中仍有很多人能够冷静地看待电视，但第二代电视迷之后的年轻人们，早已将电视权威化了。

因此，现在出现了很多试图利用电视来建立自己的权威的人。

以某位常上电视的女精神科医生为例，她连一本正经的学术论文都没有写过，甚至她的同事没有一人见过她临床会诊的样子，只是因为她常常出现在电视上，就被认定为一流的精神科医生。而且，一般的观众也会因为她在电视上出现过，就深信她是最好的。

像我，至今已撰写了超过600册的著作，也曾在某权威心理学国际年鉴上发表了日本人的第一篇论文，并且以日本人的身份连续发表了2篇论文，说实话我自己对此都深感自豪。然而，在我常上电视节目的那段时间，这些事从未被提起过。当我受邀到外地演讲时，介绍词也大多是“这位是参与 *TV Tackle*[1] 演出的……”或“这位是参与 *Sunday Japan*[2] 演出的……”如此而已。

作为活动的主办者，大概是想向那些来听演讲的人

1 日本朝日电视台的谈话类节目，全名为北野武的 *TV Tackle*。

2 *Sunday Japan*：日本 TBS 电视台的谈话类节目。

强调“我们请来的是常上电视的杰出医生”吧！

结果，很多人将上过电视当成了身份地位的象征。我们可以说，大多数人都对电视上出现的人说的话深信不疑，甚至将电视权威化，以至于丧失了看清真相的能力。

网络时代，
要懂得自行挖掘真相

上一节我们探讨了电视的权威化。我认为人们会对电视上的话深信不疑，正说明人们很容易轻信权威。人们会全盘接受新闻报道也是同理。

例如，2015 年发生了一起少男少女惨遭杀害的事件。当时，电视新闻中曾一再播放数部监视器拍摄下的犯罪嫌疑人的汽车飞奔而去的影像，但我无论看多少次那个影像，都看不出被害的少男少女坐在那辆车上。

据闻，事件的犯罪嫌疑人已经遭到逮捕，却一直缄默不言，不承认罪行。先不管被逮捕的犯罪嫌疑人到底是不是真正的罪犯，只凭汽车飞奔而去的影像并看不出少男少女当时坐在车上，不禁令人怀疑这样的影像是否能够当作证据。

假如抛掉先入为主的观念去看这段影像，我们只看得出一辆汽车开过去了而已。不过，将这段影像和犯罪嫌疑人被逮捕时的影像一起播放的话，观众在看电视时就会想：“虽然看不太清楚，但少男少女大概就坐在那辆车里吧？”而电视台很可能就是想要得到这样的效果，才不断地将汽车奔驰而过的影像重复播放吧！

无论如何，因为是在电视这一权威媒体且以新闻这一权威的形式报道出来的事件，所以大多数国民都会坦然地接受报道中的内容吧！

对于这一事件，所有电视台都以同样的方式进行了报道。所以只一味地接收媒体播出的信息并非好事。如今已经是网络时代，懂得自行上网挖掘真相也是极为重要的。至少，比起全盘接受单方面的信息，学会与其他地方得来的信息相互比较更有助于建立起公正的评判标准。

实际上，在外国人看来，所有的电视台、报纸在报道时都持同一论调的话，那么媒体很有可能受到了信息上的操控。但在日本，人们却觉得这样的信息更加可信。

因此，我认为培养收集、分辨信息的能力是很重要的。

穿着讲究就是精英，打扮奇特就是艺术家？

"她是A型血，所以应该做什么都很认真。"

"那个人是O型血，肯定马马虎虎的。"

我有的时候会听到这样的对话。日本人真的很喜欢用血型去判断他人的性格。

我想，被血型性格判断渗透得如此彻底的只有日本了。国外有很多地方的人甚至不清楚自己的血型。

血型性格判断将人的性格分成仅有的4种，可以说是一种非常粗暴的分法。但在日本这种性格判断法却很普及，很多人深受影响。

好比说，在各位当中，一听到A型血就想到"认真""严谨"的人应该不在少数吧？

但现实中，A型血的人也有不认真的。犯罪者中也有A型血的人吧？当然，认真的A型血的人也是存在的。有的A型血的人做事很严谨，也有的做事一点儿也不严谨。但是，要是太过于依赖血型判断性格，那么一听到对方是A型血就会下意识地认为对方“绝对是认真且严谨的人”吧？

像这样的认知模式我们称之为“图式（schema）[1]”。正因为图式的存在，有时事实并非如此，自己却还是会对自己的认知深信不疑。换言之，就是自己欺骗自己。

例如：在商业街看到身穿高级西装的人，就会想“这人一定是个商业精英”；在美术馆看到打扮奇特的人就会想“这人大概是艺术家吧”……像这样的第一印象每个人都会有，这其实是自己的图式在作怪，让自己没办法换个角度去看待问题。

总是会给别人下定义的人，不给对方贴上标签就会感到不安的人，大多是因为不能把事物分个黑白，心情就难以平静。

然而，这世上少有非黑即白的事却也是事实。

---

1 图式就是存在于记忆中的认知结构或知识结构。

比如有些人接受不了别人说："既不喜欢也不讨厌"，会擅自断定说："如果不喜欢那就是讨厌。"以认知成熟度的观点来看，像这样的人，可以说是"暧昧容忍度低的人"。

"暧昧容忍度"正如其字面意思所示，讲的是对暧昧不清的事情的容忍程度，这是认知成熟度的指标之一。

暧昧容忍度低的人，会通过衣着、相貌、学历、血型去判断他人……也就是说，他们不看对方的内在，而是仅凭外在极为简单的判断标准去评断对方。这也是现在那些虚假人设得以生存且壮大的重要原因。

具有图式的人，或是暧昧容忍度低的人，很容易给人贴标签，所以也很容易将脱离真实的偏见视为真实并深信不疑。简单来说，这也表示，在某种意义上他们经常会自己骗自己。

先前我们曾说过日本人很容易上当受骗。如果是因为图式在作怪，在不知不觉中自己欺骗了自己的话，那么我们不仅要小心那些"爱夸大"者们，不被虚假的人设所欺骗，还要时常反省"自己是否具有图式""自己是不是暧昧容忍度太低"，这也是尤为重要的。

媒体更爱用表演型的人，而非理智型的人

电视上“爱夸大”的人很多，其中大部分都是自身想要引人注目的人（也有少数是本身不喜欢抛头露面但受生活所迫的人），他们对能够在各种媒体上露面感到兴奋。

同时，媒体也不会管上电视的人是做作的人还是演技型的人，只要是能够受到观众喜爱的类型就会请到电视台来。

电视台为了在过度激烈的收视率战争中存活下来，也会有“想用当红艺人”“想用有魅力的人”“想用能引人注目的人”的想法，而特意选用“爱夸大”的人。

但问题在于，就算媒体已经意识到了这个人塑造的人设是虚假的，却还是照用不误。

例如电视的报道性节目，本来选用理智型的人做解说或评论对观众会更加有利，但往往却更爱用表演型的人。电视台并不信任表演型的人，却认为使用表演型的人能够获得更好的收视率。

“这个人虽然表现轻浮，但找个爱讲道理的人来却不能提高收视率……”我想这才是电视制作人的心声。

以前，我曾受邀参加讨论日本人学习能力下滑的电视节目，在预演时我拿出统计数据做了解释说明，被电视台的人提示说：“拿出这种东西讨论就结束了，请最后再拿出来”。结果，真正演播时，一直到最后都没有让我拿出统计数据。对他们来说，传达客观信息的人远远比不上能让讨论变得热烈的人有用。

说到电视，在日本由于新电视台的开设很难得到批准，导致电视频道少，且无论转到哪个频道，播出的节目都大同小异，呈现出各电视台“并肩而行”的状态。我认为这是一个很大的问题。

特别是在一些重要问题上，日本的《广播法》明文规定媒体要对新闻事件保持中立、不偏不倚。原则上，无论哪家电视台都要留意报道的公正性，因此各电视台的节目内容也都大致相似。

但是，实际上的问题在于，电视台只是把“中立”“不偏不倚”当作了摆设而已。

嘴上说着“没有偏心”，却让观众看到偏心的节目，这反而更让人生气，还不如让观众一开始就知道电视台有所偏向，然后自己选择去看哪个台。在大多数先进国家中，电视台的数量都非常可观，且各个电视台的特色亦非常明显。

尤其是报纸等媒体，更有知性程度高与知性程度低之分。比如在法国，《世界报》（*Le Monde*）的销量仅有30万份，但它却是知识分子阶层的第一选择，且极具影响力。

在美国，《纽约时报》（*The New York Times*）虽说是地方性报纸，却被视为高水准的全国性报纸。

而在日本，想找一份知性程度高、面对知识分子的报纸的话，顶多也就是《日本经济新闻》了吧。但因为这是经济报，内容自然也都是偏向经济方面。

然而若说针对知识分子的电视台，我却一个也想不出来。所有电视台都是面向大众的，净做些迎合大众口味的节目。属于公共电视台的 NHK 的电视节目和民营电视台也没有什么区别，只是没有商业广告罢了。

而且，电视台的人常常会说“稍微难点的内容，观众就会看不懂”，很有看不起观众之嫌。当然，他们认为自己属于知识分子阶层。

我有时会被电视台邀请去当评论员，而电视台的人总会一再提醒我：“只有中学学历的人也会看我们的节目，希望您能解释得让那些人也听得懂。”

但是，中学学历不能和知识水平低画等号。相反，大学毕业生中也有不少傻瓜。所以，我们不能通过学历来判断一个人的知识水平。但因为电视台的人都认为自己是精英阶层，具有精英意识，才会觉得“观众都是傻瓜，与其选用言辞稍显艰深的人，不如选用说话简单易懂的人”。另外，他们觉得面向知识水平低的人说话时，高谈阔论会让这些人觉得无聊。

在这层意义上，擅长塑造虚假人设的演技型的人不仅善于表达，也有吸引众人目光的才能，所以电视台更倾向于选用他们。被选用的一方自然是越卖座收入越高，甚至还有机会成为世俗所认为的“成功人士”。而在美国，无论是电视台还是赞助商都认为知识水平越高的人收入越高，就算收视率不高，只要能让知识水平高的人观看节目，就能增加广告收入。但在日本则是收视率第一，所以采用表演型的人的趋势便愈演愈烈。

结果，在发展出由表演型的人、倾向选用他们的电视台，以及对电视节目深信不疑的大众所形成的固定结构的同时，表演也就成了一些人获取成功的基础适应力（adaptability）之一。

至少，在电视圈或媒体圈中，这个时代成了“爱夸大”者更容易获得成功的时代。

第三章

“表演狂”的本性

他们并不是真的想成为完美无缺的人，

只要“让别人觉得自己完美无缺”就够了。

表演型的人容易聚集“互相吹捧的同类”

虽说同样具有“爱夸大”的特点，但是表演型的人与自恋型的人对周围人的态度却大不相同。

这两种人“想要受到瞩目”“想要引起他人的兴趣”的欲望是相同的，但是拥有虚假人设的自恋型的人虽然想要获得他人的赞美，却不愿意去赞美别人，因为他们极度缺乏同理心，所以完全不会去考虑别人的感受。

例如，一位普通女生和一位具有极强自恋型人格的男生约会时，两人一起开车去兜风，女生说："有点渴，想喝点什么。"这种时候一般人会回答说“那我们一会儿找家咖啡店坐坐吧”，或是“去便利店买点喝的吗”等等。但具有极强自恋型人格的男生会回答说“我不渴啊”，然后继续开车，或是在进入餐厅时完全不问女方的意见擅自点菜……

因为自恋型人格的人欠缺同理心，所以对他人类似“感觉有点渴”这样的痛苦或欲望感觉非常迟钝，且总认为自己觉得好的东西对方也一定会觉得不错，因此他才会擅自做主点菜。

像这样，自恋型的人因为思考方式和行为都会以自我为中心，所以常常被身边的人讨厌。

和自恋型人格的人相比，表演型的人更具有社交能力。当然，表演型的人也会为了获得周围人的关心而夸大自己，但他们比自恋型的人更活泼开朗，也更具有演技和表现力，所以常常能让周围的人也感到开心。

我有时也会与表演型的人有所来往，他们会把我带到他们常去的酒吧，对其他朋友骄傲地说“这家伙很厉害哦”。

对我来说这是件很难为情的事，但表演型的人除了希望让自己看起来很厉害而夸大自己以外，还会拉着周围的朋友，创造“我的朋友也都很厉害”的感觉，好像他身边都是“大人物”“能干的人”一样。但他们的这种做法却往往不会遭到厌烦，就算别人明白他们是在说大话，甚至夸张到说出的话完全不可信，但这种“夸大”意外地不招人讨厌。

另外，表演型的人虽然会为了被称赞说“真棒！真可爱！真厉害！”而美化自己，但与缺乏同理心的自恋型的人不同，他们也会主动地去表扬别人“真棒！真可爱！真厉害！”。所以在他们身边很容易聚集起来一帮“互相吹捧的朋友”。

在这一点上，自恋型的人总会觉得“除我以外都是笨蛋”，瞧不起别人，所以连“互相吹捧的朋友”都很难找到。

明知故犯、虚张声势的“表演狂”们

在人前说哭就哭的人可以说具有很强的表演型人格特征。

不光是女性，男性中也有这样的人存在。虽然能在人前说哭就哭，但不代表这样的男性就是娘娘腔。

比如家铺隆仁[1]就是如此，平时一副大男子主义的样子，但稍微受点感动就会哇哇大哭起来。

这种过激的情绪表现也是表演型人格的一大特征。当然，表演型的人不光是会在人前大哭，他们时而易怒、时而傻笑、时而又表现得特别怯懦……总之情感起伏非

1 家铺隆仁，1971 年以歌手兼词作者的身份在京都出道，是日本著名艺人兼节目主持人，曾为《机动战士高达》剧场版三部曲演唱过主题曲。

常激烈。但是这样的人常常意外地并不招人讨厌，我想这可以说是他们的一个长处了。

听说家铺隆仁在地方巡演时会和不听自己唱歌的人打起来；他火了以后，也曾在电视节目上对同是嘉宾的立川谈志大打出手，还曾拿起烟灰缸砸向对方。像这种关于他行为过激的糗事，人们时有耳闻。尽管如此，他不着四六、爱搞恶作剧的一面仍受到关西人长久的喜爱。

表演型的人当然会努力美化自己，塑造自己的完美人设，却并非是演绎完美的自己。他们既有诉诸情的地方，也有稍微少根筋之处。例如，故意撒些显而易见的谎。因此，从这层意义上来看，表演型的人不是完美主义者。他们塑造出来的人设，也并非就是“完美人设”。

完美主义者不会将办不到的事说成能办到。受到别人委托时，完美主义者也只会承诺去做自己有把握的事，因为他们认为一旦承诺就要做到完美。

但是，表演型的人常常会轻易允诺些自己根本做不到的事情。他们并不是真的想成为完美无缺的人，只要“让别人觉得自己完美无缺”就够了。

一般来说，日本人觉得他人对自己评价过高是一种负担，如果被委派了自己能力所不及的工作，大多数人会以“我还无法担此重任”来拒绝。但若是表演型人格的人，评价过高对他们来说不仅不是负担，反而会让他们感到兴奋，所以自己也会去夸大自己。因此表演型的人就算本身实力不如评价中所说，但仍会为此感到高兴。

所以，表演型人格中喜爱虚张声势的人很多。比如工资很低却装出一副收入很高的样子在朋友面前炫耀，穿高级时装、戴高级手表、买高级轿车，却过着不吃不喝的生活，甚至为了虚张声势不惜贷款去买这些东西。

其实不光是表演型的人会虚张声势。比如肖恩 K，我就不认为他是表演型的人，但他也一直依靠虚张声势来美化自己。他其实是知道自己一直以来在夸大自己的，所以出事后连记者招待会都没开。在某种意义上来说，他还是知耻的。

但是，像小保方晴子和佐村河内守这样表演型的人，就算知道自己有所夸大，却并不觉得有什么问题，甚至给人留下他们是为了让自己成为众人的焦点才在出事后召开记者招待会的印象。

简言之，表演型的人主要以获得关注为目的，所以就算自己的夸大其词被揭穿了也完全不在乎。因此表演型的人塑造的虚假人设更容易被揭穿，然而他们明知道会被揭穿，还是要夸大自己。自己也明白这是一种虚荣，却仍然会毫不在乎地虚张声势，这就是表演型的人。

为了引人注意
而犯罪的“表演狂”

我们在前文中充分地探讨了表演型人格的人具有强烈的“想引起注意”“想受到关注”的欲望。当中也存在非常恶劣的表演狂，他们不惜通过犯罪来让自己成名，成为众人的焦点。

尤其是 1997 年神户县连续杀伤幼儿案的酒鬼蔷薇圣斗（少年 A）出名后，怀着“我也想变得和少年 A 一样有名”的想法而作案的人越来越多。

当社会上发生凶残的犯罪事件时，该犯案人的成长历程及境遇就会被视为问题所在。如果其成长历程及境遇确实是他犯案的主要原因，那么要抑止这类案件的发生几乎是不可能的。因为一个人的成长历程及境遇是无法被改变的。很多人会认为通过心理咨询能够多少矫正他们扭曲的性格，但实际上却很难。不过话说回来，拥有不幸的成长历程与境遇的人中大多数并不会成为罪犯，这也是事实。

但是，如果他们是为了引人注目而犯罪的，那么通过改变他们想要引人注目的欲望的出口，还是很有可能避免其犯罪的。也就是说，不要让他们通过犯罪来引人注目，而是通过做对社会有益的事情来满足他们想要引起关注的欲望。当然，很多人可能是做不到这一点才走上犯罪的道路。若是如此，在媒体上表明犯罪无法让人出名的报道等方式，应该有助于抑制这类罪案的发生吧？

在此，我们来试着了解一下弗洛伊德[1]的因果论和阿德勒[2]的目的论吧。

以精神分析著称的弗洛伊德认为，找到心理疾病的原因，并从根本上祛除它便可以帮助病患治疗。用弗洛

---

1 西格蒙德·弗洛伊德（Sigmund Freud，1856年5月6日—1939年9月23日），奥地利精神病医师、心理学家、精神分析学派创始人。

2 阿尔弗雷德·阿德勒（Alfred Adler，1870年2月7日—1937年5月28日），奥地利精神病学家。人本主义心理学先驱，个体心理学的创始人。曾追随弗洛伊德探讨神经症问题，但也是精神分析学派内部第一个反对弗洛伊德的心理学体系的心理学家。著有《自卑与超越》《人性的研究》《个体心理学的理论与实践》《自卑与生活》等。

伊德的因果论来解释犯罪，通常会认为“儿时被父母虐待的经历造成了心理上的扭曲，因此走上了犯罪的道路”。

而与弗洛伊德活跃于同一时代的阿德勒提出了“目的论”一说。也就是说，阿德勒着眼点不在于“因为什么走上了犯罪的道路”，而在于“为了什么去犯罪”的目的性上。这么一来，我们或许可以得出“犯罪是想要成为邪恶的英雄，吸引世人的注意”的结论。

如果真是这样，媒体大肆报道罪行，反而会让罪犯欣喜若狂吧！因为他们达到了“想要得到世人的注意”的目的。

看到媒体煽动性的报道，有些人说不定就会萌生“我也想受到关注”的想法。因此我认为，若想要减少“为了获得关注不惜走上犯罪道路”的人出现，媒体不要过分地对犯罪进行舆论炒作是极为重要的一点。

我们探讨了表演型的人为了满足“想引起注意”“想受到关注”的欲望有可能会走上犯罪的道路。这说明，欲望如果找错了出口，便可能会引起极大的麻烦。

我们在前文中已经说过，现代的日本社会中，表演型的人正在不断增多，也就是说，性质恶劣的表演狂也会随之增多。

因此，媒体在宣传时，也应多宣传以正面形象面世的人设，而减少一些反面人物的人设的宣传。让未来的青少年们能学习正面的人物形象，而非为了获取关注去崇拜那些拥有负面人设的人物。

在表演型的人不断增多的情况下，拥有“恶劣的表演狂很可能就在自己身边”的警惕性也是非常有必要的。

真才实学加自我推销等于完美

现在社会上表演型的人越来越向低龄化靠近。这一点从学校的“校内等级制度”就可以知晓一二。

想要解开初、高中学校内的校园霸凌的构造，其中一个关键点就是“校内等级制度”。

据闻，校内等级制度一般都是按照“一军、二军、三军”或是“帅男、普男、丑男”等方式来划分的，且各等级之间几乎不会有什么交流。

决定校内等级制度顺序的一大要素就是“受欢迎程度”，受欢迎程度高的一军级别的人犹如领袖般的存在，二军的人是他们的追随者，而三军的人会受到排挤，被视为“怪胎”。

社会教育学研究员铃木翔采访了在校学生与教师，调查校内等级制度的现状并出版了《教室内的等级划分》（《教室内カースト》，光文社）一书。

铃木翔通过调查发现，校内等级制度在学生们的眼里是一种权力结构，而在教师眼里是一种学生之间以能力分组的行为。

例如，在学生眼里，一军在班上最能出风头，最有发言权；而三军是不拥有这些权力（学生们认为）的一群人。但在教师看来，一军是社交能力最强的一群人，而三军是社交能力极低的一群人。二军则处于两者中间。

据闻，在校内被刻上“三军”的烙印的学生不能优先于一军及二军的人发言，也不能比一军及二军的人更出风头。而属于一军的学生们也因需时时刻刻想着如何让自己出风头，并且要成为班上的意见领袖，有不少人觉得压力很大。

但是，对于喜欢出风头、喜欢受到关注的表演型的学生来说——例如从前在大阪被称作“人来疯”的爱出风头的人，或是会被说“你那么搞笑，快去上吉本喜剧吧”的受欢迎的人——因为他们本身便喜欢引人注目，要是成为一军便不会感到有压力。结果就是，这种等级制度让这样的人更容易获得权力。

于是，表演型的人进入校内等级制度的一军，过着比二军及三军的人更舒适的校园生活，这一形势已经蔓延到了全国。

我们不难想象被刻上“三军”烙印的学生忍受着多么悲惨的校园生活。但是如果他们通过努力学习，考上优秀的大学，就有可能改变自己的地位，继而过上充满希望的校园生活。

实际上，高中时代被称为“废柴”或“怪胎”，遭到班上排挤的学生，铆足力气认真念书后（现实中确实有些孩子因为觉得班级很无聊、学习反而比较有意思），顺利考上东京大学，上演人生逆转戏码的例子，人们也时有耳闻。但是，诚如第二章所言，今后AO考试变得更加普及，大学招生不再只是看笔试成绩，而会有越来越多的人通过面试、小论文、自我评价、自我推荐等形式入学（实际上，听说自2021年的春季考试起，包括东京大学在内的所有大学招生时都将采用AO考试的形式），如此一来，越来越多的善于自我推销的表演型的人就会进入大学校园，或许又会出现与高中校园等级制度相似的等级制度。也就是说，校园内推销自己能力的排行可能将替代学习能力的排行，成为排序的依据。

如果连东京大学都成了一军的巢穴，那么具有精英意识、自以为高人一等的学生肯定会增多。至今为止，常常有些东大毕业生虽然学习能力很强，但是欠缺自我推销能力，他们在进入社会后可能会输给那些其他大学毕业的学习能力不强但自我推销能力突出的人。以后这种靠成绩实力反转地位的情况，可能很难再发生了。

据闻，美国哈佛大学中具有较强的精英意识的学生很多。在毕业生中，有不少人四五十岁还穿着写有大学校名的棉毛衫，戴着写有大学校名的帽子。“我和其他人不同，我是精英”的意识暴露无遗。

东京大学如果也变成这样的话将是一件多么遗憾的事。但是，这却即将成为现实。

至今为止，东京大学的学生很少主动提起自己学校的名字。毕业生们也是如此。因为他们自己也觉得，总是把“东大毕业”挂在嘴上好像有点装腔作势的意思。

但是，爱夸大的人通过 AO 考试相继进入东京大学后，认为“真人不露相”的学生会越来越少，而满脑子只想着让自己看起来是个“能人”的学生会越来越多。然而只是看起来是个“能人”就够了吗？这个社会现在依然是个实力至上的社会，只有拥有真正的硬功夫，才能不被这个竞争的社会所淘汰。

然而老实说，近年来在社会上，根据自我推销能力的竞争和排序已经逐渐成为理所当然的事。

自我推销应该成为每个想拥有完美人设的人都具备的一种能力。但是，只会推销自己却没有真才实学，也必将会受到企业的排斥。

“不惜说谎也要自我推销”的虚假人设

美国一般会将不善于自我推销的人视为没有能力的人，这种人很难在社会上出人头地。反之，将懂得自我推销、善于表现自己长处的人视为有能力的人，这样的人更容易在社会上生存。而且能够拥有完美人设的人也正是那些既拥有能力，又善于表现自己长处的人。

如此想来，校内等级制度中，像表演型的人那样善于展现自己，能够成为班上红人的人，在老师眼里也属于有能力的人。就这层意义上，或许可以说日本的社会形态越来越向美国靠拢了。

随着社会逐渐演变成适合表演型的人、爱夸大的人生活的形态，“不惜说谎也要自我推销”塑造虚假人设的人势必也有所增加。

我个人认为，在表演型的人的内心一直存在着这样的诱惑。因为对于表演型的人来说，他们优先考虑的是能否引人注目，而不是说不说谎的问题。他们对于说谎的排斥比一般人要低得多，所以才能若无其事地“夸大”自己，为自己塑造虚假的人设。

虽然这只是我的猜测，但是最近在企业的招聘会中，饱受表演型的人的“夸大”之苦的面试官应该不在少数吧？

就算面试者还不至于在履历书的学历或经历栏上造假，但是可能会将自己仅参与过一小部分的项目写得宛如自己是项目管理者一样，或是谎称自己将之前企业的销售成绩提高了一倍等，我想必定有些面试官会对表演型的人的话全盘接受，而予以录用吧。等到实际展开工作时，却发现对方的实力根本不是这么一回事……

但是，就现实而言，比起低调的人，懂得夸大、推销自己的人才能够得到更多录用机会。

因为社会体系已成如此。也就是说，日本的企业中缺少美国那样的专业面试人员，日本现在的面试官们也缺乏在和就职者的谈话中分辨出他能否为企业做出贡献的能力。

在日本，大学入学考试的面试官中也没有这方面的专业人才，所以他们很难分辨出考生是否在“夸大”。考官们大多普遍认为天真的高中生不会在自己的推荐信上造假。

关于这一点，因为美国是以“人都会夸大其词”为前提设定的入学考试制度，所以很容易揪出“夸大”自己、塑造虚假人设的人。

诚如前文注释中所言，AO 被翻译为“招生办事处”。例如，哈佛大学就有 2000 余名专职人员隶属于“招生办事处”，进行入学面试时，会有受过扎实的专业训练的面试官坐镇，负责揭下考生“夸大”自我的假面具。

反观日本，既没有专职人员，也没有专业的面试官，只让大学教授来负责面试。

说起来，美国的大学教授多半是社会上的成功人士，但日本的大学教授却大多没有多少社会经验，因此很难看穿表演型的人的“夸大其词”。

如果让没有能力、只会推销自己的人不断考入医学院，那么像是某位令 18 位患者死亡，却因善于辩解，直至第 17 位患者死亡时都没有被发现（据闻该名医生也是通过面试进入的医学院）的医生将不断增多吧？但愿这只是我在杞人忧天而已。

自我推销
不能只靠外在

从表面上来看日本的邻国韩国，这个国家的人对美容整形没有丝毫的抵抗力。日本虽然不至于像韩国那样热衷于美容整形，但对外表的重视程度也逐渐超过了内在。

例如，原来银座的女公关们是以知性著称的，会光顾银座的男人们也是冲着知性女公关的名声而去的。但最近听闻，反倒是那些长得漂亮、差点儿当上模特的女孩们聚集的店生意更好。

这或许是包括宽松教育在内的政策的实施，让日本的男人变得更幼稚了的表现。还有，男神潮流的兴起也是一个重要因素，不得不说重视外在的时代已经来临。

结果这个时代就变成了无论有没有内在，只要“夸大”自己外在的人设便能在社会上如鱼得水的时代了。

证明这个事实的最好例子就是女主持人了。在国外选用女主持人时一般更重视谈话能力或知识水平，但在日本，却会毫不犹豫地录用虽然不具有这些特质但是外表出众的人。

一位有过公关经验的女性被电视台内定后又遭到取消录用，结果双方闹上法庭。比起因原女公关的身份而取消了其录用资格来说，如果最初就只是因为看重其外表而非内在给予录用的话，才更是值得深思的问题。

日本3·11大地震的时候，电视上播放了一段记者采访东北地区受灾儿童的影像。当我看这段采访时，我对孩子们不说东北方言，反倒说了一口流利的标准日语一事留下了深刻的印象。

这表示，孩子们的口语更多是从说标准日语的电视上学来的，而非从父母、祖父母、学校的老师那里习得。如果真是这样的话，电视台更应该雇用能够正确使用标准日语的人做主持人了。

想成为女气象预报员的人，必须通过国家的气象预报员考试（虽然有些预报员并没有资格证书）。那么女主持人（当然男主持人也是），也应该通过标准日语的国家考试，不能通过考试的人不得被录用为主持人才是。

现在的日本电视节目简直是可叹至极。女主持人参加机智问答节目时，竟然还骄傲地说自己日语不好，真是让人难以置信。

不仅如此，当事人似乎还因为“女主持人说不好日语”的卖点能够引人注目而感到高兴。

由此看来，即便是负面的人设，对观众的影响也是极大的。日本的电视文化也已经完全变为适应表演型人的产物了。

历史上备受瞩目的表演型伟人、名人

历史上的伟人中应该也有不少是表演型的，我想野口英世[1]就是其中之一。

至于说野口英世哪一点像是表演型的人，我认为他那悲惨的遭遇和艰辛的过往听起来实在太像电视剧中的编排了。

野口英世出生于贫穷的农民之家，1 岁的时候跌进地炉里造成了严重的烧伤，导致左手不能自由活动。因为左手的伤势，他的母亲认为他不适合从事农业生产，所以鼓励他通过学习另寻出路。

---

1 野口英世（日文名 Noguchi Hideyo，1876–1928），被誉为“国宝”的日本细菌学家、生物学家，毕业于美国宾夕法尼亚大学，主要作品有《蛇毒》《梅毒的实验诊断》等。

野口在小学时成绩非常优异，他写了一篇感叹自己左手伤势的作文，对此深感同情的老师和同学们帮他募集了一笔手术费用。野口靠着这笔费用完成了对左手的治疗，左手的手指又重新可以活动了，因此野口立志将来要成为一位医生。

努力学习的野口在20岁时就取得了医师资格证，并前往非洲从事细菌学的研究。他曾三度获得诺贝尔奖的提名，但最终都没有获奖，反而感染上了自己所研究的黄热病，在非洲咽下了最后一口气。

野口英世的生平大致就是这样，他不畏贫困和伤残，勤学不倦，年纪轻轻就当上了医生，作为细菌学的研究者多次获得诺贝尔奖提名，但最后却客死他乡。他的一生有很多可以作为伟人被传颂的地方。

然而实际上，他在学问方面并没有什么值得一提的贡献。野口在黄热病的研究上非常有名，他发表声明，称确定了病原体并制作出了疫苗。但他所发表的内容其实有问题，当然疫苗也不会有效。若与发现鼠疫杆菌（Yersinia pestis），并成功研发出对白喉（diphtheria）和破伤风具有免疫作用的抗毒素的北里柴三郎相比，那真的是天差地别呀！

尽管如此，他的生平事迹仍能以伟人传记的形式流传至今，想必是要归功于他那戏剧化的悲惨遭遇和艰辛过往（据说他经常向人讲述自己的成长历程）为他增添了不少魅力吧。

野口英世出生于1876年，而日本年号由庆应变为明治是在1868年，如此想来，野口刚出生的时候大概还留有江户末期巨变的余韵。

也就是说，在野口出生前没多久，维新的志士们还非常活跃。而我个人认为在日本的历史上，没有哪个时代的人，会像明治维新时期的人们一样爱出风头、嚣张跋扈了。

说起爱出风头的人，当然不能不提坂本龙马。坂本龙马原本是土佐藩[1]乡间的一名下级武士，只是一介脱藩[2]之人的身份，却常和州长及萨摩[3]的高层会面，出尽了

1 土佐藩是在日本明治政府实施废藩置县之前对土佐国（现在的高知县）一带的统称。

2 脱藩指日本江户时代的武士从藩中脱离而成为浪人的行为。

3 萨摩，位于九州西南部，为日本江户时代的藩属地。

风头。

那是个具有自我推销能力的人才能出人头地的时代，所以在某种意义上而言，也是表演型的人遍地开花的时代。

所以，当我们学会了表演型人格的自我推销能力，将更加有利于我们发挥自己的长处，实现自己应有的价值，拥有属于自己的完美人设。

完美就要把过程放在跟结果同等重要的位置

最近，日本的饮食文化在某种意义上来说发生了巨变，即使是一些美食餐厅也到了需要卖人设的年代。

比如，以前去高级寿司店时，沉默寡言的店长会安静地做好寿司端到客人面前，但是现在这样的店却过时了。

如果现在去在美食网站或《米其林指南》(*Le Guide Michelin*)上获得过高度评价的流行餐厅用餐，大概时常会听到这样的话："今天用的是手钓的大间町产的顶级鲔鱼，是上周刚刚钓上来的，没有经过冷冻直接空运过来。拿到后我用了特别的手法，让它经过一周的自然熟后才开始进行制作，这可和一般随处可见的食材完全不一样。毕竟是冰冷的北海孕育的野生黑鲔鱼，不仅肉质紧致，油脂也很丰富。请您好好品尝真正的鲔鱼的味道。”

如此这般，加上精妙的解说，美味似乎也跟着翻倍了。但这也可以说是被施加了某种暗示效果吧，在品尝前被灌输了这么多听上去就好吃的暗示，当真正吃到嘴里时自然会觉得：“真的好好吃！”连舌头都想吞下去吧！

不只是寿司，像这样觉得只要加上详尽的解说就能让日式精品套餐、法式大餐，又或是红酒变得更美味似的餐厅，现在非常受欢迎。也就是说，默默地端出美味佳肴的店，比起那些先做促进食欲的介绍再端出菜肴的店，受欢迎程度已大幅下降。

如果换个角度来看，默默地端出美味佳肴的店是在用结果来决胜负，而加入介绍的店可以说是更注重过程（当然结果也很重要）。也就是说，在是结果更重要还是过程更重要的问题上，实际上大多数日本人认为过程更重要。

例如，有些人工作又快又好，但是看上去总像是在偷懒。这样的人在日本非常不受欢迎。横纲[1]若是用假动

---

1 横纲（日文名 Yokozuna）是日本相扑运动员（日本称为“力士”）资格的最高级，相扑力士按运动成绩分为 10 级：序之口、序二段、三段、幕下、十两、前头、小结、关胁、大关及横纲。

作赢得了比赛，就会被认为是耍手段而导致评价下滑。因为不是只要获胜就好，还得以符合横纲身份的战术来取胜，所以说，过程的确很重要。

但问题是，如果凡事都只重视过程，那么善于表现或善于表达的人就会更容易在这个社会生存。

如果大家都变得认为过程比结果更加重要，那么懂得如何更好地展现、如何更精彩地表达将成为关键所在。就算笔试时考了 100 分，但积极性、态度、表现的评价较低的话，以现在的高中入学考试的评判观点来看，也很可能只能得到 3 分（5 分制情况下）。

那么，将来就会有越来越多的学生认为，两相比较，考得好，不如在老师面前表现得好。这样形成的体系，会让表演型的人更容易生存，而其他人也会想要变成表演型的人吧？

这样的学生越来越多，当他们逐渐走入社会后，整个社会都将变为更适宜表演型的人生存的环境。那么会在心中默默祈祷“不要让那些爱夸大的人占了便宜，而让老实人吃亏”的人，可能不只我一个吧？

所以与其等着那些表演型的人占据更好的位置，倒不如提早地学会如何表现自己，塑造出自己的完美人设，从而让自己立于不败之地更好。

第四章

“自恋狂”的本性

自己不愿为对方付出，却要求对方爱自己，这是自恋型人格者的一大特征。

这就和不听话的孩子向妈妈予取予求没什么两样。

“自恋”的心理学定义

一般来说，人都有觉得自己可爱、觉得自己优秀的想法。我们将这种想法称作“自恋”。

弗洛伊德学派中的代表人物、创造了“自体心理学”这一独特的理论体系的奥地利精神医学科医师科胡特（Heinz Kohut）曾表示：“人类是一种需要让自恋情绪得到满足的生物，当自恋情绪无法得到满足，或是自恋情绪受到伤害时便会引发心理问题。”

诚然，每个人都或多或少地觉得“自己是最好的”。但是，一味地自我迷恋、无暇他顾的话就是一种心理不成熟的表现了。

好比一个人心中有一位爱恋的对象，但是他却不愿意付出一丁点儿爱，而一味地要求对方爱自己，这样的人绝对称不上是心理成熟的人吧？

相反，为了让对方也爱自己，我们珍惜对方、倾注自己的爱与关心，我们将这种行为视为成熟的成年人所应有的表现。

满足自恋的需求本身并无过错，也不是非健康的心理状态。问题在于那些已经成年的人，却仍怀有“不成熟的自恋”的心理状态。这样的人，不理解爱别人的重要性，只会执着于去索取爱。但是没有人会无止境地满足这种任性的要求，最终，双方的自恋情绪都无法得到满足。

一个人想要被爱却得不到爱，久而久之，自恋就会受到伤害，于是就会去怨恨那些不愿意给予他爱的人。当这种心态上升到病理程度，就会成为人们所说的“自恋型人格障碍”。

自恋型人格障碍患者，他们的自尊太容易受到伤害，所以无法与他人建立正常的人际关系。

比如在工作中失误受到了领导的批评。受到批评或者责备对谁来说都不是件高兴的事，但领导并非出于恶意才批评部下的，而是希望借此督促部下成为一个独当一面的人。所以，一般人受到批评后，只要是领导批评得合理，就算当时会情绪低落、会感到愤慨，但最终都会理解并接受批评。

但是，自尊极其容易受伤的人，一旦受到了别人的否定，就会觉得自己存在的意义被击垮了。领导只是稍微地批评了几句，他们也会觉得对方充满了恶意，所以他们会感到异常的愤怒，或是号啕大哭起来。更有甚者会自此抑郁，不愿再与人相处。

实际上，他们想听到诸如“你实在太出类拔萃了”这样的表扬，但却受到了“这样不行啊”的批评，这样的反差令他们的自尊受到了极大的伤害。这样的话当然没有办法建立起正常的人际关系了，也很难在社会上正常工作。

当然，这里说的仅仅是自恋型人格障碍的一个特征。实际上，大多数人也许没有到达这种程度。但在我们周围，怀有强烈的不成熟的自恋情绪的人绝不在少数。

这样的人心里总是想着“没有比我更聪明更伟大的人了”，所以总是努力地夸大自己，试图获得他人的赞赏，所以才会虚饰自我，为自己塑造虚假的人设。

但是，细细想来每个人都有着自恋的情绪，都认为自己是非常重要的存在。所以从这层意义上来说，人本来就是一种或多或少都会带有一点儿自恋倾向的生物。

而在这之中，特意虚饰自己、“最喜欢的是自己”的人，只是比普通人更自恋罢了。

不成熟的自恋
与成熟的自恋

科胡特说："越是幼年时自恋情绪没有得到满足的人，长大后越会通过夸大自己来逃离被不满足感支配的自己。或者，得不到他人的赞赏就会感到极度不快。"

也就是说，自恋的人会对没有人认可自己这件事感到出奇的愤怒。

相反，科胡特认为，从小就常被夸赞"你是最可爱的"，在这样一个能够让自恋情绪得到充分满足的环境中成长起来的人，心理会更加健全。简言之，满足自恋情绪对人的心理成长及心理健康来说是十分重要的。

科胡特还提出，自恋情绪若没有得到满足，很可能会发展出扭曲的人格。例如，容易闹别扭、过于自以为是、强烈地渴望得到赞赏、得不到赞赏会感到极度不悦、对他人表现冷淡等。

科胡特在打造自己的心理学概念“自体心理学”之前曾醉心于弗洛伊德的精神分析法（弗洛伊德的最终学说“人格结构论”以及继承弗洛伊德的美国正统精神分析学派的自我心理学），甚至被人称为“精神分析先生（Mr. Psychoanalysis）”，他对弗洛伊德理论的研究非常透彻，同时也是一位优秀的讲师。但是，他却认为如同他导师般的弗洛伊德提出的自恋情绪是不成熟的。

弗洛伊德将自我发展的阶段划分为“自我情欲（auto-erotic）”→“自恋（narcissism）”→“对象爱（object love）”三个阶段。

其中最不成熟的是自我情欲时期。例如，幼儿对自己身体的一部分，如手指、口腔或性器官等感兴趣的阶段。

比自我情欲时期稍微成熟一点的是自恋阶段。这是个不再迷恋自己身体的某一个部位，而是爱整体的自己、对他人欠缺关心的阶段。有时候看上去他们也会爱别人，但那是因为感受到了别人对自己的爱，所以自己也去爱对方。或是因为对方表扬了自己，所以会去爱对方。这是一个会为了自己而去爱别人的阶段，弗洛伊德认为处在这个阶段的人心理上还没有完全成熟。

最终的成熟期是“对象爱”阶段。无论对方是否爱自己，个体已经确立的自己，在对对方无所求的情况下主动地去爱对方，这是弗洛伊德认为的最终的成熟阶段的表现。这种对爱的理解近似不求回报的“无私的爱”。

但是，人，总是很难去爱一个丝毫都不爱自己的人。

例如，有“配偶无论如何在外边花天酒地，只要自己是爱着他的就都可以接受，甚至能感同身受配偶在外边花天酒地的快乐”的人存在吗？人不是神、不是佛，大概是做不到的吧？

科胡特也对弗洛伊德的这一理论提出了质疑，于是思考出了“自我情欲”→“不成熟的自恋”→“成熟的自恋”这一发展模型。

他认为，只爱自己属于不成熟的自恋。这和弗洛伊德提出的自恋的概念相同。但是，若能够到了通过爱他人来满足自恋的阶段，就已经不属于心理不成熟的状态了。科胡特的理论发展也很曲折，通过不断完善，最终他则更看重于这种互相依赖。

科胡特认为自恋狂在心理上仍处于不成熟的自恋阶段。自己不愿为对方付出，却要求对方爱自己，这是自恋型人格者的一大特征。这就和不听话的孩子向妈妈予取予求没什么两样。

在社会上与自恋狂相处时，若将对方视为对等的人，势必会被气得发狂。这种时候，就要懂得将对方视为无理取闹的孩子，并适当保持距离。

无法被满足的“悲剧人物”

在我们周围的“爱夸大”者之中，最令人反感的应属那些自以为“没人比我厉害”“除我以外都是笨蛋”并将之表现在行为举止上的人了吧！

另外，明明没有能力却有着毫无由来的自信，认为“我什么都比别人做得好”“我这么聪明的人上哪儿找去”的人，也很难说是心理健全的人。

这种过于自信的人，大多是因为幼年时得不到表扬，自恋情绪没有得到充分满足，才会为了填补心中的空虚感而表现得过于自信，这是现代精神分析学中的看法。

所以，若遇到了爱摆架子、自以为是的人，可以认为他们是因为自恋情绪没有得到满足才会如此的。

继承了科胡特思想的心理学家罗伯特·史托罗楼[1]认为，深信自己是“能人”的自信与自恋，可分为“正常需求”和“防御性表现”两种类型。

正常需求下的自信属于健全的自恋表现，并没有什么问题。但是因常常受到周围人的漠视，导致自恋情绪没有得到满足的人，会为了保护自己已经破碎不堪的心，而认为“我是天才所以别人都不理解我”“不理解我伟大之处的人都是傻瓜”，心中充满了这种防御性的夸大感。

正常需求的自信和健全的自恋情绪，在没有周围人配合的情况下很难得到成长。

就是说，只是自己有把握“我有这方面的才能”“我能做到这件事”，是无法满足自恋情绪的。只有当周围的人也给予“哇，你做得真棒”或“你真厉害”这类好的评价或赞美时，正常的自信和健全的自恋情绪才能得以满足。

---

1 罗伯特·史托罗楼（Robert Stolorow），美国当代著名精神分析师、精神分析学家、哲学家，当代精神分析主体间性心理治疗理论创始人，国际精神分析自体心理学协会的创始成员，纽约主体性精神分析研究所的创始成员，洛杉矶当代精神分析学院的创始成员，1995 年被美国心理学会授予杰出科学奖。

照这样来看，自恋狂之所以没有健全的自恋情绪或正常的自信，可以说是因为没有从身边的人那里得到过能够满足自恋情绪的反应。

当然，我不认为一个人人格的形成，全是幼年时的环境及父母的教育方式导致的。就算幼年时的环境及父母的教育方式有问题，也不见得就会形成扭曲的人格。

但是，现实中确实有些人是因为小时候没有得到足够的应得的爱，而形成了过于自大又冷漠的性格，使得周围的人都对他敬而远之。

科胡特称这种拥有不成熟的扭曲的性格的人为“悲剧人物”。确实，看看身边那些自恋狂吧，只能借由夸大自己来填补没有被满足的自恋情绪，永远无法建立起良好的人际关系，他们的挣扎或许真的可以说是一场悲剧吧。

而他们为自己塑造虚假的人设，也只不过是想要满足自己的自恋情绪，填补自己不被满足的内心。因而他们的内心无论如何也无法得到满足，从而导致人设也更容易崩塌。

必须是焦点，
没受到关注就不爽

极强的“想受到关注”“希望自己是焦点”的欲望，是自恋型人和表演型人的共同特征。

那么，心中怀有这种欲望，但是现实中谁都不关注他，或是他无法成为焦点时会发生什么呢？自恋型的人和表演型的人会因为欲望得不到满足而感到不快。这是两种性格的人的共通之处。

但是，感到不快之后的态度及情绪表现，自恋型的人和表演型的人则有所不同。

例如，对不关注自己的人感到愤怒，自恋型的人比表演型的人要强烈得多。

拿搞笑艺人来举例的话，表演型的搞笑艺人若发现观众没有反应，便会绞尽脑汁，拼命地想办法让大家笑出来。

但是，自恋型的搞笑艺人会觉得是观众有问题，把气都出在观众身上，心想：“今天的观众都是一群完全不懂幽默的笨蛋！”

因为自恋型的人永远觉得“自己没错”，所以绝不会自我改进，而是把责任都推到别人身上。

在我们周围，也有这样爱闹别扭的人吧？这种人都是怀有极强自恋情绪的人，他们之所以会愤怒，是因为没有成为焦点人物，或是没有受到关注，使得自恋情绪没有得到满足，并且他们认为原因不在自己身上而在周围人的身上。

当然，这种类型的人也觉得和别人相处很困难，他们很难建立起正常的人际关系或良好的交友关系。

他们的注意力全都放在满足自己的自恋情绪上了，得不到满足时就会怪别人，极度欠缺替别人着想的能力，导致更难找到能够满足自己自恋情绪的人，如此便陷入一种恶性循环。

自恋型的人
欠缺“共同体感觉”

自恋型的人认为不愿意表扬自己的人都是“不理解我的笨蛋”，那么他们如何看待表扬他们的人呢？实际上他们还是会觉得自己高人一等。因为在他们心中始终都认为“自己是特别的存在”。

因为认为“自己是特别的存在”，所以这种人不会去表扬别人，反倒在得不到表扬时还会责怪他人：“我周围都是一些不理解我能力的低能儿。他们如果能再聪明一点，肯定就会懂了。”因此，这种人根本不可能建立起良好的人际关系。

阿德勒认为这样的人大多欠缺“共同体感觉”。我们都是作为社会中的一员生活在这个世界上的。换言之，我们都是社会这个共同体中的一分子。

阿德勒认为，人要想经营好自己的社会生活就必须具有自己是社会的一分子的认知与感觉，也就是要有共同体感觉。

而没有这种共同体感觉的人，不会考虑自己的行为会给共同体带来什么样的影响，只看得见自己的利益。

相反的，共同体感觉较为发达的人，在采取行动时不光会考虑自己的利益，也会顾及共同体的利益。他们会建立起与周围人的“win-win”（双赢）的关系。

一般认为，自恋型的人之所以会夸大自己，是因为在无意识中他们对自身缺乏自信。

所以他们在受到批评时会更容易受伤，或是倒打一耙（精神分析法认为这一行为是为了保护自己）。这样的话，他们当然很难和周围的人友好相处了。

简言之，自恋型的人大多是共同体感觉不成熟的人。更进一步讲，这一类人很难和周围建立起“win-win”的人际关系。

无能却又
爱虚张声势的自恋者

任何时代的年轻人都对恋爱充满了好奇，会不自觉地喜欢上别人。患有自恋型人格障碍的人也不例外。

但是，自恋心理极强的人就算有喜欢的人也大多不会主动表白。因为他们害怕被拒绝的伤痛。

“成绩不好是因为我不学习，我要是真学起来可是很厉害的！”会说这种话的人也是自恋心理极强的人。

那他们会为了考个好成绩而学习吗？不会。因为他们害怕认真学习了却还是考不好，那样的话就没有台阶可下了。这一类人都害怕直面现实。

回到恋爱的话题上来，自恋型的人因为恐惧所以不会主动表白，因此若能让对方向他们表白则是最理想的模式。为此，他们会开名车、带对方去高档餐厅，试图以此来彰显“怎么样，我很厉害吧”，然后等着对方对他们说：“我喜欢这样的你。”

会说“我非常厉害”的人，不只有自恋型的人，表演型的人也是如此。这两种类型的人都喜欢靠“夸大”来掩饰自己的无能，让别人觉得自己很了不起。

当然，有些人并非自恋型的人，也不是表演型的人（虽然我认为多少都有这方面的倾向），而是真的有实力才会说“我非常厉害”。

例如，2016年6月去世的重量级拳王穆罕默德·阿里（Muhammad Ali），他在改名前还叫作小凯瑟斯·克莱（Cassius Marcellus Clay）的那段时期，曾大言不惭地向当时的冠军挑衅道：“我8回合内就能打倒你！”因此被人称为“吹牛克莱”。

在现在，会挑衅对手的拳击手并不罕见，但在当时却非常稀少。

说起他的豪言壮语，还有“假如你梦见击倒了我，最好赶紧醒来道歉”“观众肯定想不到我会把对手揍飞吧”等等。阿里的说话方式确实十分狂妄，毫无谦卑可言。但是阿里自己也曾说过“像我这么强大的人很难谦虚吧？”（这也是极具阿里风格的傲慢表现），那也别无他法了。

阿里便是经常强调“我很厉害”的那种人，但他并非虚张声势，他不仅达成了无视七年的空白期重返世界冠军宝座的伟业，还是史上首位三度荣登世界拳王宝座的人，堪称难得一见的实力派。虽然他常常夸大自己，但也具有相应的实力。

不喜欢强者耍威风是日本人的国民性。因此，很多人对大相扑朝青龙和白鹏的傲慢态度有意见。但是，美国人却非常喜欢像阿里那样狂妄自大、积极自我推销的人。所以说文化不同对人的评价也就会有所不同。

在日本，就算有实力，爱耍威风的人还是会招人讨厌，所以在定义上，有实力却爱耍威风，如果缺乏同理心，也会被认为是自恋型的人。不过没有实力又爱摆架子的自恋型的人，一定很难生存倒是可以确定的。

因头衔而怀有特权意识，要求特别待遇的人

日本人容易对拥有董事长、总经理、董事、教授、博士等头衔的人另眼相看，觉得他们“肯定是很厉害的人物”。日本的社会文化都是如此，所以拘泥于地位或头衔的人非常多。

有人说：“头衔显赫的人多半怀有特权意识，爱逞威风。”

爱逞威风的公司老板或教授确实很多，但我并不认为他们是因为自身拥有某种头衔才如此嚣张的。

头衔显赫且狂妄自大的人，其实原本可能就是爱逞威风的人。因为他们爱逞威风、爱出风头，才会对头衔那么执着。事实上，爱逞威风的人在得到梦寐以求的头

衔后，会变得更加狂妄。相反，声名显赫却仍然谦虚有礼，或是仍然孜孜不倦努力工作钻研的人也有很多。

我在东大医学院时见过很多爱逞威风的人。他们为了头衔无所不用其极地拍教授马屁，而取得头衔后马上就变得自大起来。

所以说，他们并不是因为有了头衔才开始怀有特权意识的，而是本身就十分自恋，正因为他们本就怀有“我是伟大的”“我本应伟大”的特权意识，才会将获得头衔当作目标。

在此提一段往事，东大医学院的某教授，在受制药公司的招待去海外旅游时，曾埋怨道：“为什么不是头等舱？”东大教授明明是国家公务员，却怀着“自己理应享受头等舱待遇”的特权意识。

另外，他在参观科罗拉多大峡谷时，因为招待方没有为他准备私人直升机而对负责招待他的员工大发雷霆，甚至还威胁道：“不好好接待我，你们的药是不想好好卖了吗？”就差说“你们公司的命运全都掌握在我这个东大医学院教授的手里”了。

不仅如此，听说他还以“我儿子考上私立医学院不值得祝贺吗”为由，半恐吓式地向各制药公司要求“礼钱”，最终从6家制药公司各要来了1000万日元给自己的儿子作为学费。

50多年前，描写医学界腐败的《白色巨塔》(《白い巨塔》，山崎丰子著，新潮文库）曾引起热议。而我说的这则往事，是自那时起又过了近30年后发生的事，年代并不久远。

那么，我们继续说一说这位“某教授”的故事吧！我认为用他作为对头衔、地位有着特权意识的例子是再合适不过的了。

考上私立医学院的这位某教授的儿子，想要成为父亲所在的东大医院的研修医生，所以参加了研修执行委员会（当时担任东大医院资格审查的并非学校教授，而是研修医生的自治组织）的面试，却不幸落榜了。为此，他的父亲自己申请了硕士导师的资格，将儿子纳入自己的研究所，并让儿子以东大医学院硕士生的身份进入了研修医生小组。

虽说这位某教授有着成为硕士导师，建立自己的研究所的极大权力，但为了偏袒孩子能做到如此不知羞耻的地步，果然还是因为他怀有着“我是特别的存在”这种强烈的自恋意识。

不过基因也真的很可怕……也许不全是基因的问题。听其他医生说，成为东大研究生院研修医生的某教授的儿子也是个非常狂妄自大的人，再一次见到让他落榜的面试官时，尽管对方是前辈，他却非常不尊敬地直呼其名，态度傲慢无礼。

真的是有其父必有其子，但这两人与其说是因为自己的头衔而变得狂妄自大，不如说本就是具有爱逞威风的人格倾向，在获得头衔的一瞬间，让他的这种个性也随之“开花了”。

看到这种例子，不得不说，看一个人不要只看他的头衔，也去看看他的实际成绩，只有这样才能看到一个人真实的一面。获得诺贝尔生理学或医学奖的山中伸弥[1]

1　山中伸弥（日文名 Shinya Yamanaka），日本医学家，毕业于大阪市立大学，现任京都大学 iPS 细胞（诱导性多能干细胞）研究所所长，美国加州大学旧金山分校教授及下属格拉德斯通研究所高级研究员，2012 年获诺贝尔生理学或医学奖。

老师自称：“我是 iPS 细胞研究所[1]的山中。”这当然可行。但东京大学的很多教授也常常不说自己的实际成绩，只会说：“我是东京大学的教授。”这其实也是对头衔有特权意识的一种表现。

自恋型人格的人，即使没什么本事也喜欢耍威风，得不到赞美的时候就会发脾气。如果再稍微有那么一点能力的话，更会认为自己有权力耀武扬威了。

我认为在日本的医学院中，有八成以上的教授是为了耍威风才当教授的，而剩下的不到两成的人，才是真正喜欢做研究的人。实际上，在研究经费充裕、研究环境又好的理化学研究所（但如果没有一定的论文著作就会被劝退）内，很多主管级别的人，若听到哪里有教授职位的空缺就会立即飞奔而去（当然也有优秀的京都大学教授自愿转到理化学研究所去做研究）。

本来我认为，越有能力的人应该越谦卑，这样才更能体现他的价值。比起耍威风，谦卑能让他的头衔更有

---

1 iPS 细胞研究所：全称京都大学 iPS 细胞研究所（Center for iPS Cell Research and Application, Kyoto University），简称 CiRA，隶属于京都大学，是一个专注于干细胞研究的顶级科研机构。

意义。

例如，必须让员工在紧张的工期内加班完成工作时，比起科长出面道歉，部长出来做动员并向大家道歉更能鼓舞员工们的士气，而如果是总经理亲自来为员工们打气并表示歉意的话，员工们一定会更加感动吧？比自己地位高很多的人低下头诚恳地请自己帮忙，相信是人都会拿出干劲来吧。

我认为，为了成事而获得头衔的人，大都能做到向部下低头。但是，为了要威风而获得头衔的人，一旦位高权重，就不会管部下会不会不高兴，总之自己就是要要威风。在地方自治团体的首长之间有一句流传甚广的话："做公务员有一则定论，越谦卑越能做好工作。"

人们常说"多用用脑子"，对于那些位高权重的人，学会低头这种用脑子的方式也很重要。一个人学会谦卑自然就能获得不错的评价，所以，其实用这种方式也可以满足自恋情绪。

自己有颗“玻璃心”，却能毫不在意地伤害别人

过于自恋的人，不仅爱要威风，也很爱贬低别人。因为他们觉得贬低别人能让自己有优越感，会为了维护自己的人设，从而贬低和看不起他人。

在大学内，有种人被称作“万年副教授”。因为教授的职位只有一个，所以他们只能去其他大学争取成为教授，或是心甘情愿地在原学校当副教授。

在万年副教授当中，有不少人读书破万卷，可以说是学富五车，比那些当上教授便不再继续学习的人要优秀得多。如果这样的副教授是自恋情绪极强的人，无法当上教授的不满在日积月累下就会让他们在教授面前变得狂妄起来。“这种小事都不知道吗？这种人怎么当的教

授……”像这样说一些讽刺的话贬低教授，借此表示自己比教授知识渊博，来满足自己的自恋情绪。

在东大的医院内也有这样的人，因为是国家公务员，所以就算教授不喜欢他也不能开除他。甚至有人看准这一点，不时地愚弄教授一番。但是总是做这种事，是没有办法出人头地的。不过他们可能已经放弃了出人头地的机会，所以才在别的方面找寻“自己更胜一筹”的优越感吧。

这种类型的人，明明自己拥有一颗玻璃心，却能无所顾忌地贬低别人，甚至有人堪称贬低别人的高手。

在网络上这样的人更多。我一直有写博客的习惯，有时会收到一些贬低我的邮件。而我若不回信，他们就会在我的博客下方留言说：“我驳倒了和田秀树。”

大概是想借由驳倒比自己聪明或有名的人来证明自己也很聪明吧（阅读至此的读者们或许有人已经感受到了，其实我自己也有自恋情绪没有得到满足的方面，所以我不否认有时会有自恋情绪表露出来的倾向）？

当然，如果邮件内容确实值得辩论一番，或是一位值得让我与之探讨的对象的话，我也会认真回复邮件。

不过，实际上大多都是来找茬的，根本没必要一一回复。

看到我没回信，那些来找茬的人不会认为是“和田没时间理会我”，而会认定是“自己不战而胜了”，所以说这一定是些认为“我更厉害”“我更聪明”的自恋情绪极强的人。

在网上，无论针对什么事，总会有人提出各种各样的意见，哪怕是贬低人或瞧不起人的话，也毫不犹豫地说出口。因为是匿名的，也不用放出自己的照片，所以对于那些爱贬低人又玻璃心的自恋型的人来说，网络大概是个让他们非常享受的环境吧。

对自恋型的人来说最重要的是什么

有些人问我："'爱夸大'的人在金钱和名誉中会选择哪个？"你们认为答案是什么？

恐怕对于同样是"爱夸大"的人来说，表演型的人和自恋型的人的答案会不一样。

表演型的人会选择名誉，也就是声望。对于表演型的人来说，金钱、地位、头衔，都不如有声望让他们感到开心。

而自恋型的人，在只能二选一的情况下大概会选择金钱吧。

当然，自恋型的人也希望受到关注，所以也想要获得声望。但是，若没有得到头衔或地位，就算被周围的人所仰慕，自恋型的人也不会感到开心。因为他们更想让人看到“我是伟大的”“我是充满智慧的”。

如果得不到头衔或地位，他们就会去找其他方式盖过别人。如果这个选择是金钱的话，他们就用钱去战胜别人，去耍威风。

像是前文中提到的万年副教授，如果得不到教授的职位，那怎么耀武扬威呢？也许会通过比教授更博学来彰显自己，或是通过赚的钱比教授多来在教授面前耍威风。

在金钱的力量下，大多数人会选择缄默。尤其是在资本主义社会或是贫富悬殊的社会中，这种倾向更加明显。从前，高学历的人宁愿薪水低一点，也会选择社会地位高的工作。但是现在大家都更愿意去条件比较好的外资金融企业了。

如此看来，对自恋型的人来说，金钱不过是方便其耀武扬威的工具罢了。

第五章

现代人容易被“虚假人设”欺骗的心理原因

如果没有人愿意相信那些过度夸大自己的人，

也就没有人再去塑造虚假的人设。

容易向新闻低头——深信“新闻绝不可能出错！”

一般人基本上不太会怀疑别人，说谎也比较少，所以很难识破谎言，也容易轻信于人。也可以说是很容易被表面上的东西所蒙蔽，缺少发现真相的眼力，从而被一些虚假的人设所欺骗。

前文中曾提到过，对头衔、地位没有抵抗力是人的一大共性，这也是因为大部分人总是爱用表面上肤浅的东西来判断别人。

另外，一般人对“权威”也没有抵抗力。

看到东京大学毕业的人就觉得“好厉害”，这是因为把东京大学当作了权威。曾经《朝日新闻》承认报道慰安妇事件时存在误报，引起了很大的社会骚动，也是因为世人都觉得“《朝日新闻》绝不可能出错”，毕竟所有人都认为《朝日新闻》就是权威。

实际上，《朝日新闻》不只在慰安妇事件上存在误报，还有大家都知道的“向黎明祈祷”事件。

1949 年 3 月，《朝日新闻》报道，蒙古首都乌兰巴托的一所日本战俘集中营内，被任命为战俘队队长的日本人曹长常常对被俘同胞施以残酷的私刑。

出来做证的，是遭受暴行失去了一条手臂的某前队员。据他表示，那位前战俘队队长思考出一个“仪式”。那就是脱光失去劳动能力的队员的衣服，将其绑在树上，弃之于寒冬之中，被施以这种私刑的人在第二天早上就会筋疲力尽，在气若游丝的呻吟中咽下最后一口气。由于受刑者低垂着头颅断气的姿态就像是在向黎明祈祷一般，故而称之为“向黎明祈祷”。据说受到这种私刑死去的战士有 30 余人。

《朝日新闻》的这篇报道引起了不小的轰动。于是，该前战俘队队长遭到告发，不仅被国会传讯，还被判了刑。

虽然这位前战俘队队长一直声称这是毫无根据的指

控，不承认虐杀同胞的事情，仍因监禁等罪名被判处了三年有期徒刑。当时，他的母亲因承受不住虚假报道的折磨而自杀身亡。

这位前战俘队队长出狱后仍坚持自己遭到了不实指控，被他打动的律师和记者重新调查了这一事件，发现指控不实的可能性非常高，并于1988年重新收集证据整理出报告，准备申请重审，但这位前战俘队队长却先一步离开了人世。

针对这起事件，开始有各种声音质疑其是否为《朝日新闻》所误报，并对报道中一开始的证言的可信度产生了怀疑。

后来经调查发现，在报道中一开始提供证词的某前队员，仅在该部队中停留了几天而已，且他的手臂也不是部队酷刑所致，而是他在羊皮厂进行不熟练作业时被机器卷入所伤。换言之，他“夸大”了自己的证词。

不仅如此，他作为点燃该起事件导火索的始作俑者，却不曾在国会证人传唤及审判中露面。前战俘队队长在自传中称，这大概是撒下弥天大谎的《朝日新闻》怕事情败露从中做了手脚。

另外，也有人指出，形容得煞有介事的“向黎明祈祷”这种私刑，认真想来，被脱光衣服的人能在 -40℃ 的极寒之地坚持一整夜才是奇怪的事吧？而且，在法院的判决书中也没有私刑致死这一罪名。

关于这一事件,《朝日新闻》没有刊登误报的道歉书，但在之后刊登的法院的审查报告中，承认了其中没有人行使私刑的事实，所以并没有一名队员以“向黎明祈祷”的姿势死去。

从“向黎明祈祷”事件和慰安妇误报事件上可以看出两点：一是大多数人都深信“新闻上报道的事情就是真的”；另一个是，大多数人欠缺“记者也是人，也会出错”的这种认知。

当然，这两起事件可能并不只是“记者出了错”，很有可能是“故意报道了不实消息”。然而在报道之初，却没有一人对报道内容提出质疑，大多数人都对《朝日新闻》这个“权威”深信不疑，结果就是被骗得团团转。简言之，这些事件无不真实地体现了日本人轻信权威的一面。

反过来说，这也是让日本人意识到自己容易向权威低头的良好机会。所以我们不能只是责备某些新闻媒体的误报，更重要的是，要以这样的事件为教训，培养国民不轻易上当受骗的头脑，从而规避掉被“虚假人设”所欺骗的可能性。

容易向权威低头——深信“权威”“一流”的学者们

因为不会怀疑权威，所以当得知是谎言时会有受骗的感觉——这是上一节的内容带给我们的启示。

在“爱夸大”者飞扬跋扈的时代，某些人，为了名誉跟利益，更会虚造出自己是“权威”和“一流”的人设，所以我们要更加小心那些会为了一己私利而利用权威的人。

大多数人都会对一些著名的、一流的品牌有着极深的信赖感。就像在日本，很多人认为报纸中《朝日新闻》就是权威、电视台中 NHK 就是权威、出版社中岩波书店就是权威。

也就是说，不只是《朝日新闻》，像 NHK 电视台或岩波书店等“权威”也常常会被“爱夸大”者所利用。

虽然我并未就此做过缜密的调查，但在现实生活中，确实可以看到很多让人这么认为的例子。

例如，隐瞒真实姓名，且看起来没有临床经验的某精神科女医生，就是借由在一流媒体担任评论员、上权威的电视节目，以及在权威出版社出书的方式来积累民众对自己的信任的。似乎只要具有这三项经历，就算没有发表过一篇学术论文，也能被视作超一流的学者，从而塑造“完美人设”。

又如某位几乎没有发表过英语论文的数学家，周刊杂志后来报道出他出版的数学著作中的问题大多是请其他数学家代笔而成。这位数学家也是通过报纸只上《朝日新闻》、电视只上 NHK、出书只在岩波书店的战略来塑造自己一流学者的形象，维护自己“权威”的人设的。

他蓄着胡须、留着长发、常用印花手帕的样子非常有特色，这种“与众不同的数学家”的样子大概也非常适合上电视吧。

像利用新闻、电视、出书“三大神器”来“夸大”自己的这些人，一面装出业内权威的模样，一面频繁出现在各式媒体上，让世人深以为他们就是一流的人。

因为世人们评价一个人，有时不去看他的实际成绩，而是看他有没有上过电视、有没有出过书。

另外，即使在专家看来他们的言论可能水平很低（至少一流杂志编辑委员不认可他们的内容，才不刊登他们的论文吧），但聘请他们的编辑或制作人没有相关的专业知识，可能就会误以为他们是很厉害的角色，被他们所塑造出来的虚假人设所欺骗。

结果就是，二流或三流的学者，利用"三大神器"来夸大自己成为一流人才，连媒体都会跟着被他们欺骗。然后，又因为媒体的习性，会把他们当作权威学者来介绍，最终被这些虚假人设骗得最彻底的还是我们这些一般国民。

"爱夸大"的人个个都很懂得夸大的诀窍，而民众却对此一无所知，被媒体塑造出的"一流人才"的形象骗得晕头转向。

据闻，《朝日新闻》因慰安妇的误报事件而深受打击，销量骤减，但这仍未能撼动《朝日新闻》在人们心中的权威地位。

并且，我认为利用“三大神器”来塑造自己权威形象的医生、学者今后还将不断涌现，这似乎已经可以称为是正规的“夸大渠道”了（确实，比起民营电视台，参加 NHK 节目的难度更高，在岩波书店出书也有一定的难度，对于不能在学术杂志上发表论文的人而言，这些渠道是再合适不过的表现舞台了）。

学会怀疑才不会被虚假人设所欺骗

批判“爱夸大”的人，或是批判那些把他们塑造成权威的媒体是件很容易的事。但是，大众对“爱夸大”者或媒体言听计从、欠缺信息分析能力，也就是没有灵活利用信息的能力，才是真正的问题。

这和“电话诈骗”有一点相像。很多人都愤怒地表示“不能轻易原谅电话诈骗”，但是问题就在于，明明电话诈骗已经得到充分报道，人人皆知其害，却还是有人会上当受骗。

如果不再有人相信电话诈骗，那么骗子也会随之消失。因为任凭骗子再巧舌如簧，都没有一个人会相信他，骗子也就不能再靠行骗赚钱了，那么他一定会停止电话诈骗另寻出路吧。

也就是说，如果没人相信那些过度夸大自己来骗取人们信任的人，也就没有人再去塑造虚假的人设。

因此，下大力度去揭穿那些虚假人设的人当然很重要。但是，如果能让全体国民都不再那么容易上当，或许可以更有效地消除虚假人设。

现实是，虽然现在警察和地方自治团体已经非常勤奋地在宣传有关诈骗电话的各种信息了，也经常会提醒大家不要再上当受骗，当有巨额诈骗案件发生时，新闻也会及时报道，但是上当受骗的人还是不断出现。

明明身边有这么多人设崩塌的情况了，但现实中还是会有人上当受骗。这是因为大多数人不会灵活利用信息，在遇到虚假人设时不会去怀疑“他的人设可能是假的”，所以才会有人上当受骗。

同理，“爱夸大”的人之所以能横行于世，也是因为现在的人都太缺乏“怀疑”能力了。

当然，无论是电话诈骗犯，还是电视媒体，都会使用一些令人无法对他们起疑的手法，这就是不给人思考、怀疑的时间。电话诈骗常常会要求受害者赶快把钱汇过去，不让人有时间思考。在电视上，若触及人设问题或要批判某一问题时，电视台会让嘉宾提出一致的意见，不让观众有思考的时间。

这就是他们常常使用的不会引起观众疑心的策略。

因为没有时间起疑，所以自然很难注意到他们的“夸大”，结果就在不知不觉间相信了电视上那些“爱夸大”者所说的话，从而接受了那些因为“夸大”而塑造的虚假人设。

我相信有很多人对电视上的内容都是盲目信赖的。因为，有很多必须靠上电视来维持自己地位的人，不只是演艺人员。这些人，只能迎合着电视台来发言。

另外，在电视上提供建议的文化人，事实上也得按照电视台的意思来说话。因为如果说了不适合在电视上说的话，就没有机会再上电视了，像那种常常出现在电视上的文化人，都是电视台觉得很好利用的一些人。

也就是说，电视上不会播出对电视台不利的信息，只会播出对电视台有利的东西。从某种意义上来说，电视台在将观众向某一特定的方向上引导，或是引导观众不去注意某一特定的方面。

观众之所以很难想到这一点，就是因为打从心底对电视上的消息深信不疑，而不懂得去质疑。

因为电视媒体都集中在一个地方，所以电视基本上只会播放有利于他们的信息。比如，东京的一些观念流传到地方，地方上的人相信了电视里的话，便意识不到自己正渐渐被东京的思考方式所浸染。

如果不能意识到这一点，就会一直被“东京的逻辑都正确”这种谎言所欺骗。然而被骗的可不只是地方上的人，东京的人也是如此。

我们不应该忘记，以电视为重的“常识”之所以变得理所当然，主要是那些集中在一起的电视台及媒体让这一常识渗透到了日本全域。我父母那一代人总是说“看电视会变傻”，也许说的真没有错。

虽然如此，我不会让大家不要看电视，而是希望大家学会不被电视欺骗的观看方法。

个人风格鲜明的花言巧语
让人错以为其说话有内涵

有些文化人经常在电视上做评论员。

我们有时也会在谈话类节目中看见这群人口沫横飞地进行激烈的讨论，比起情绪激昂、大声嚷嚷的人，懂得降低声调、以温柔且令人印象深刻的说话方式发言的人，听起来好像会让人觉得更有内涵。

如果这个说话温柔的人还有类似“东大教授”这样耀眼的头衔，还上新闻、上电视、出书，是对这“三大神器”运用自如的算计大师的话，他说话的内容就算很无聊，听众也会觉得颇具深意、精彩异常。

说到这儿，就不得不提到一个人——姜尚中。

姜尚中以前经常出席谈话节目《直播到天亮》（朝日

电视台）。他那时还是东京大学的教授，现在则是东京大学的名誉教授了。

最近在《直播到天亮》节目里很少再看到他了，但他还在以评论员的身份出现在各种各样的节目之中，也经常进行演讲，又出了不少书，作为“文化人”非常活跃。

我不太清楚他最近的情况，但听说有一段时间，姜尚中的演讲会场挤满了年轻女性。他之所以变得这么受欢迎，跟他上电视绝对脱不了关系。

他经常出席《直播到天亮》的那段时期，总是以高领衫配夹克的时尚风格露面，和他一同出席节目的其他学者则都是普通西服加领带这种过于拘泥的装扮，所以姜尚中在这群人中非常醒目。

而且他总是用低沉又温柔的语调说话，怪不得年轻女性看到他眼中都要出现“爱心”。

而且那时，《冬季恋歌》里的裴勇俊正风靡日本，正是日本哈韩潮刚刚开始的时期，我想身为在日韩国人子弟的姜尚中也正好是搭上了这一风潮，才获得了不输于明星的知名度吧。

也许有人会说：“姜尚中老师这样严肃的学者，才不会去蹭三流艺人的热度呢！”

但是，当时姜尚中官网的名称就叫作“姜流”。不用说，这一定是出自对“韩流”的模仿。当然了，网站首页所放的“姜老师”的照片，在时尚方面也是不输给当时最火热的演员的。

此外,2009年朝日新闻出版社还出版了一本名为《姜流》的杂志书，书中特别附赠了一张名为《OFF的一天》的DVD。

亚马逊网站对该DVD的宣传文案是这么写的：“片中收录了许多姜老师不同于电视节目上的惬意表情，敬请观赏姜老师最真实的日常模样。”

我不禁好奇，一个学者的惬意表情有什么好看的？所以与其说他是学者，不如说他是“表演型的文化人”更为贴切。

但是，即使他说的话没有什么内涵，他东京大学名誉教授的头衔，以及低沉平缓的语调都会让观众产生幻觉，认为他说的话很有深度。

我不确定姜教授是否也是如此，但作为表演型的文化人，普遍擅长利用有策略性的说话方式。

这样一来，容易被电视内容所欺骗的人，会完全被表演型文化人的形象策略牵着鼻子走，对于他们所说的没有内涵的话，也会不禁觉得“不愧是××教授”。

谁都不喜欢听吵吵嚷嚷的人（恐怕我就是这样的人）说话，我承认说话的语调十分重要，但毋庸置疑的是用内容去判断讲话内涵则更为重要。如果没有这一认知，便会轻易地被表演型文化人的形象策略所欺骗。

表演型的
文化人

据闻，姜尚中的父亲是佃户家的长子，在韩国出生，于1931年来到日本寻找工作，在东京工作一段时间后结婚，几经辗转，最后定居在了当上日本宪兵的弟弟所居住的熊本县，在那里生下了姜尚中。

姜尚中的父母靠着回收废品把他养育成人。他们一家住在简陋的铁皮屋里，生活十分贫困。姜尚中一边忍受着歧视一边埋头苦学，终于考上了早稻田大学，后又进入早稻田大学的研究生院继续深造。22岁那年，在早稻田大学就读的他初次回到韩国，他的自我认同感发生了变化，最后他舍弃了自己一直使用的日本名字。

在那之后，他继续求学的道路，曾到德国留学，并于2004年以在日韩国人的身份当上了东京大学的教授，现在则是东京大学的名誉教授。

他在自传中详尽地描述了自己感人肺腑的前半生，如此想来，即便从孩提时代就因在日韩国人的身份饱受歧视，却仍不惧贫困埋头苦学，最后竟然成了东京大学的教授，这简直可以说是如同一幅画般的励志故事了。

并且，他在电视上畅谈日韩和平的时候也常皱着眉提起自己的苦难过往。先不说他讲出的话是否有内涵，光是看他的表情，就能让人觉得很有说服力了。可以说他确实很懂得如何吸引别人的目光。

实际上，经常上电视的文化人，大多具有这种自我表现能力（虽然不能说全都是演技）。他们并不一定要像演员那样哭笑自如，但一定都懂得用理智压抑自己沸腾的情感，善于冷静地侃侃而谈，营造出让人不禁赞叹“不愧是文化人”的形象。

换言之，大多数常出现在电视上的文化人，无论自身有无文化人的意识，都能演得像一个文化人。他们身上都具有某种利用电视让自己看起来像个文化人的因素存在（像我就做不到）。

可能有些人会质疑说:“文化人会利用电视吗?”以姜尚中为例,我曾听某位东京大学的学生说起过一件事。

在东京大学的校园内,有学生偶然见到了姜尚中教授,便向他请教:“老师,我也想成为一流的政治学者,请问该怎么做才好呢?”

对此,姜尚中的脸上露出微笑道:“这个嘛,你只要上电视就行了。”

他之后若是补上一句:“这当然是开玩笑的……”那就不成问题了,但他却只说了这一句话,所以在某种程度上来说这应该是他的真心话吧!至少比起他出了不少好书的那段时期,上电视给他带来的“一流”待遇反而更胜一筹。

即便是再有实力的学者,只要是没在电视上露过脸,就无法称之为一流,我想拥有这种观点的人一定不在少数。对于他们来说,一流学者与电视是密不可分的。

的确,一流的学者若再有点名气的话,应该会有不少机会能上电视吧?但是不能因此就说,只要能上电视就能成为一流的学者。

本来,学者应该是投身于某种学问的人,而非是为了成为一流才做学问的人。因此，真正的学者不会有“想要成为一流就要上电视”的想法。会考虑要不要上电视的人一定不是一流的学者，顶多算得上是善于利用电视的表演型文化人。

姜尚中用“贫困、歧视、艰苦学习”将自己的人生经历装点得“波澜壮阔”，让我不禁觉得，这是适应了电视的表演型人格所特有的“高明的自我美化”。

喜欢“夸大”自己的人的表演能力，比一般人想象的要高超得多。更何况是被称为文化人的知性人物，他们不仅拥有能够运用自如的丰富知识和辞藻，还能利用电视巧妙地“夸大”自己，所以常人很难发觉自己已经上了他们的当。

爱担心的人
更容易上当受骗

也许很多人觉得骗子一定要比被骗的人聪明。

如果是场欺诈比赛的话，能够骗过对方的应该是更聪明的那一个，但在诈骗案中我们常常会发现，实际上只有“想要骗人的人”和“对欺骗毫无防备的人”，并不能说骗子就是脑子好使的人，而被骗的人头脑一定很笨。不仅如此，很多非常聪明的人也会上当受骗。

那么什么样的人容易被骗呢？

我认为，容易受骗的不是那些脑瓜不好使的人，而是那些爱担心的人。

例如，当接到“妈，是我……”这种诈骗电话时，有的母亲虽然一开始会觉得好像和自己儿子平时说话的声音不太一样，但一听到对方说是“感冒了嗓子不太舒服”，就开始担心起对方的身体状况，注意力马上就从声音上移开了。

于是当诈骗犯开始进入正题“实际上我遇到事故了”或是“我把公司的钱弄丢了”，已经进入担心模式的母亲就会陷入极度的不安，心想“不只感冒了还遇上这么麻烦的事”，从而无法做出正常的判断。

无论是多么聪明的人，一旦陷入不安，判断力就会下降，就会忘记去质疑。

日本人一听说“如果缺乏这种营养元素，很容易患上某种疾病哦”，就会不自觉地购买昂贵的健康食品，这也是因为大多数日本人都很爱担心。

爱担心的人容易上当受骗，是因为他们心里总想求个安心。这也是一种“欲望”。

极端一点讲，人正是因为有欲望才会上当受骗，不过即使如此，也不能让人“舍弃想要帮助儿子的欲望”。身为父母，本就会为了孩子担心。

当然，也会有缺少这种欲望的父母。他们接到诈骗电话：“妈，是我。我挪用了公款，救救我吧！”即使相信对方是自己的儿子，但也不想出手帮助的父母也是存在的。

“我不记得我教出了你这么一个会挪用公款的儿子，我也没有一个失败了就要来啃老的儿子！自己的事情自己解决！”能说出这种话的人，就算心里有想要帮助孩子的想法（欲望），也不会上当受骗。

所以我们就会经常遇到某些明星在人设即将崩塌的时候，就通过卖惨来博取粉丝们的同情。只要我们秉持着错了就是错了的原则，并不因为他被发现后，装作可怜兮兮的样子，就觉得他们是无辜的，我们就不会轻易上当受骗。

贩卖焦虑的时代，人人都渴求信任感

适逢经济高速增长的时代，许多企业都迅速成长，上班族处于终身雇佣及论资排辈的体系下，能够安心地工作。因为工资每年都会上调，所以大家大都能实现结婚、买房的梦想，到了退休年龄，便可以领着退休金颐养天年——当时就是这样一个如梦般美好的年代。

然而，现在却变成了几乎不敢对未来抱有幻想的时代。

大型企业以重组的名义不断裁员已经变成了稀松平常的事情。工作大多也是非正规雇佣式的，工资也很难再有所提高，每个人都要担心自己所在的企业会不会有一天就倒闭了。退休后也不得不再另寻其他工作，因为只靠退休金已经无法度日。人们心中充满了不安。

如果要我说在这种充满不安的时代，人们最渴望得到的是什么，我想大概是“可以信任的东西”吧，每个人心中都希望有个可以相信的对象。同时，这也导致了现在那些喜欢通过夸大自己获取他人信任的人横行无忌。

话虽如此，却没有人知道到底该相信什么才好，就算想到某样东西，也不知道是否可以真的相信。因为自己无法判断，所以就希望有谁能来替自己做判断——像这样的人是越来越多了。

于是，认为应当回应这些人的需求，脑子转得快的人便开始了利用“不安”的买卖。他们利用人心中的不安情绪，再将“安心”卖给对方。这就类似心怀不轨的人常做出的“要想得到幸福就得买壶”式的威胁一般。

“如果不买壶就得不到幸福。买了壶幸福才会来光顾。怎么样，买一个试试吧？”这就是轻信威胁的人被骗，反而卖壶的人得到幸福的伎俩。

实际上与之有异曲同工之妙的手法在出版业内也很盛行。

例如《远离医疗才能无疾而终》《想长寿，别吃肉》

《想长寿就要按摩小腿肚》等，这数年来畅销书的书名全都变成了以前不曾见过的威胁式标题。

当然，我并不是说起这种名字的书都是骗人的。取这样的书名，不过是为了引起更多人的注意，想要增加书的销量罢了。并且有时就算作者觉得这个名字有点言过其实，也会被编辑以“为了卖得好就得用这个名字”为由拒绝修改书名（说实话，我曾经出版过的一些书就被加上了这种有点威胁意味的书名）。

但这种带有威胁性书名的书这么流行，至少可以看出现在这个时代人们都很焦虑。并且，嗅觉灵敏的商人早就察觉到了只要利用人们的焦虑就能卖出东西。

确实，在这个充满焦虑的时代，找寻可以信赖的东西并非什么坏事。然而，当自己以为得到了“可信之物”后，却发现“被骗了”的情况势必也不少。

与其去寻找可信之物，不如想办法让自己成为一个不会轻易受骗、并且值得信任的人。我认为这才是塑造一个真正的完美人设的正确方法。

哪怕是遇到电话诈骗，只要懂得与身边的人商量，或是打电话和本人确认，自然就不会上当，更何况现在已经是网络时代，至少应该具有查找资料、搜集证据等信息收集能力。

遇到那些过分夸大自己的人，要学会从各方面来审视这个人是否能得到自己的信任，防范那些利用人们的不安情绪来骗取信任的伎俩。

第六章

如何塑造一个不会崩塌的人设

打造完美人设，

就是展现真实自我。

表演型的“拿手好戏”

自恋型的人“爱夸大”是因为想让别人看到“我比别人优秀”“我很了不起”。

所以说自恋型的人是为了获得赞美而去引人注意的，不会以“我是社会上的弱者、可怜人儿”或是“我是受害者”这样的方式去引人注意。因为这么做就像是在否定自己的优秀一样（虽然也不是没有通过成为悲剧的主角来满足自己的自恋情绪的人）。

在这一点上，表演型的人就会不惜借由卖惨来吸引旁人的目光。若是用力宣传“我是受害者！我是社会上的弱势群体”能够博得同情，也能满足他们“想要引人注目”的愿望。

当然，会这样宣传自己的人并非都是表演型的人，也有些人真的是弱势群体、是受害者而不是在演戏。

另外，也有些人是为了获得某种利益而去扮演社会上的弱势群体或受害者的。

例如有些人生活上没有什么困难，却装出一副穷困潦倒的样子，非法领取生活救济金之类的补助。

确实，非法领取生活救济金的人为了装出一副穷困潦倒、社会弱势群体的样子，也可以说是在“演戏”，但其演戏的目的却和表演型人格希望自己受到关注的目的不同。

大地震发生后，国家常常会采取一系列措施来帮助受灾人群。为了得到更多金钱方面的帮助，有些人会夸大自己受到的损失，或是为了持续领取救助金或补偿金，不去寻找工作，还一直住在政府提供的临时住房内。

实际上，在日本3·11大地震发生满一周年的时候，也就是2012年3月12日，《日经新闻》便报道了一件令人震惊的事情，一个五口人的家庭每月能拿到80万日元（依据2012年中日汇率，约合人民币5万元）左右的补偿金。《日经新闻》还得到了这样的证词："那家人说，什么都不干就能拿到钱，去找工作不就亏了吗？反正他们每天不是在玩赌博机就是在酒馆喝酒。”

虽然我认为有些受灾地区的人会因为压力过大而沉迷赌博或有酗酒行为，并且旁人也没有权力对他们指手画脚，告诉他们应该怎么使用得到的补偿金。但是，若是装作弱势群体或受灾群众就有利可图的话，当然会有人为了获得这一权益而继续伪装成弱势群体或受灾群众吧。

《日经新闻》上揭露的如果是确有其事的话，他们也只不过是为了钱才这么做的，并不能因此认为他们是表演型的人。正如先前所述，表演型的人是为了获得关注而伪装成受害者的。

不过，有些表演型的人在遇到自己的立场受到威胁时，也会更进一步地主张自己是受害者。小保方晴子就是一例。

小保方晴子于 2014 年 4 月 14 日通过律师团对 STAP 细胞论文的诸多疑点做出了回应。

其中，关于《朝日新闻》提出的疑点："论文中记载了雌鼠 STAP 干细胞的数据，实际上在实验中只提取了雄鼠的干细胞对吗？"她回答道："这是因为负责试验的若山照彦教授在没有检验过的老鼠中混入了雌鼠的关系。"并做了如下说明："到 2013 年 3 月为止，我是隶属于神户理研若山研究室的研究员。研究室内的老鼠没有交给个人保管，而是由研究室统一负责。在这一点上，我希望大家不要误会。STAP 干细胞，是通过长期培养 STAP 细胞得来的。STAP 细胞的培养和保存都是由若山老师负责，所以在这期间发生了什么，我也不清楚。现在培养出的 STAP 干细胞也都是若山老师培育出来的。”

简言之，小保方晴子表明自己没有过失，如有任何差错都是神户理研的若山教授的问题。就这样，将责任全都推给了若山教授。

邀请小保方晴子进入理研的正是若山教授，可以说若山教授是她的伯乐，在 STAP 细胞被报道出有问题的时候，第一个建议她“应当撤回论文”的人也是若山教授。然而，她却将所有问题都嫁祸给了若山教授。

在律师团做出这份声明前小保方晴子曾召开记者招待会，会上她一副梨花带雨的模样，她的眼神仿佛是在诉说 :“我其实才是受害者呀！”

可以说，被世人围攻的悲剧女主角——小保方晴子——上演了一出表演型者的拿手戏。无数台照相机与闪烁不停的闪光灯所构成的记者招待会会场，说不定对于小保方晴子来说正好是“隆重的舞台”呢！

“爱夸大”的人们
会感受到骗人的喜悦吗

将自己拍得比平常帅很多的照片上传到网上，或是将妈妈做的便当上传到朋友圈却写道：“今天也很早起来给自己做了便当！”诸如此类，社交媒体上塑造虚假人设的“爱夸大”的人实在是太多了。

他们很享受夸大带给他们的关注。但所谓的“虚假人设”其实就是说谎，是一种欺骗行为。因此，难免会有人怀疑：他们是能从骗人这件事上感到喜悦吗？

有关这部分，表演型的人和自恋型的人感受会有所不同。

表演型的人是因为自己的“夸大”受欢迎而感到喜悦，并不是觉得骗人很开心。就算“夸大”被揭穿，但若能引起骚动，如同种种诈骗行为被揭发而召开盛大的记者招待会的人那般，只要能受到关注，这种人就会感到开心。但是，如果夸大被揭穿后就失去了关注度的话，他们也会感到无比的痛苦。

自恋型的人在夸大被揭穿后就算对方很生气，他也会认为："被骗的才是傻子。只不过我比他们聪明罢了。"而让自恋情绪得到满足。

因此可以说，自恋型的人会通过瞧不起被自己骗的人来满足自恋情绪，从中获得喜悦。他们会表现出自恋型者的特征"自大且傲慢""不顾及他人的感受"。

自恋型的人如果发展成自恋型人格障碍的话，甚至有可能会做出十分凶残的事情。

自恋型人格障碍的一个特征即是：为了达到自己的目的而利用他人。想象一下，一个具有自恋型人格障碍的人通过塑造虚假人设，骗取他人的钱财让自己过上奢侈的生活，当这件事被揭穿后，被骗的人一定会非常愤怒吧？肯定会要求他："把之前给你的钱全都还给我！"

患有自恋型人格障碍的人认为"自己是特别的存在""比别人都了不起"，为了达成自己的目的可以毫无顾忌地利用他人，因为他缺乏同理心。

当然，这是患有自恋型人格障碍这种精神疾病的人的特征，并不是自恋型的人的特征。但是，自恋型的人多少会具有一点自恋型人格障碍的特征也是不可否认的事实。自恋型的人由于其性格中具有冷漠、缺乏同理心的倾向，对于一般人来说，确实是不太好与之相处。

说得更直白一些，我认为，表演型的人比自恋型的人更容易相处。

因为自恋型的人冷漠又傲慢，容易让人觉得厌烦，表演型的人“爱演”或“表现夸张”，有时则会让人觉得意外的有趣。另外，对那些喜欢感情充沛的人而言，表演型的人比较让人“讨厌不起来”吧（虽说觉得这种感情充沛很烦人的人越来越多了）。

表演型的人
实际上不适合当骗子

“表演型的人那么擅长演戏，想必也很会骗人吧？”肯定有些人会这么想。也有不少人会觉得表演型的人肯定适合当骗子。

确实，“态度戏剧化”“情感表现夸张”都是表演型者所具有的特征。

但是，态度戏剧化或是通过一会儿哭一会儿笑的情感表现夸张，都是倾向于适合演戏的夸张表现，并不适合做骗子。因为真正的骗子绝不会有让人马上起疑的夸张表演。

日本人与欧美人不同，更倾向于信赖不怎么显山露水的人而非表现夸张的人。

我以前在丰田汽车的销售员研修课程担任讲师时，曾听好几位营业所所长说起，技术维修出身且说话朴实的销售员比“口若悬河”的销售员更容易把车卖出去。

肢体动作夸张且伶牙俐齿的销售员，正如字面上的意思，主要是靠精湛的“话术”，逐一列出新车的卖点，借此激起顾客的购买欲。相对于此，即便无法做出流畅的说明，“这部车的引擎是最令我向往的……”加入这类只有技术维修出身的人才会有的看法，并努力说明的人更容易取得顾客的信赖，也更容易让顾客说出：“好，我信任你，就买这辆吧！”这说明，在顾客面前表现得青涩，反而更容易获得信任。

实际上有不少人认为，推销员若是技术维修出身，当车子有问题时，便能立即赶过来查看，且当场做出如“发出这种奇怪的声音可能是水泵出了问题”或是“发动机箱的异味可能是皮带老化造成的”等判断，并协助修理。反之，若是表现夸张、能言善辩的表演型的销售员可能欠缺技术维修方面的知识，有问题时根本帮不上忙（当然，丰田汽车的一般销售员都扎实地学习过技术维修方面的知识）。

从上述的例子可以看出，比起会演戏的表演型的人，日本人更愿意信赖看起来正直朴实的人，所以比较不容易被表演型者夸张的演技所欺骗。

另外，会被表演型的人欺骗的情况大致有两种：一种可能是表演型的人经过了缜密的计算，觉得“这么说的话对方应该会感到安心”或是“在这种情况下让自己看起来傻一点比较好”，诸如此类有策略地表达的时候；另一种是表演型的人遵循指导手册，并根据手册来演戏的时候。如果说日本人正在一点点改变的话，将来或许将变成像美国那样，即便是面对面的销售，也会是表演型的人更容易谈成买卖（电视购物节目就具有这种倾向）。

我个人认为，在面对面的情况下，应该很容易看穿表演型者的演技或“夸大”，因为现实并不像是社交网络或网上的世界，可以完美地“夸大”自己，不容易被人发现。但是，表演型的人中也有不少聪明人，会故意“向下”贬低自己（例如将自己的身世或学历往低了说），这种情况可能就比较复杂了。

所以，在进入“卖人设”者横行的社交网络的世界前，一定要先知道在这个世界中是“存在许多骗子”的。

培养对表演型的人的免疫力

美国可以说是一个人若不会自我营销或自我表现就很难在社会上生存的国家。

在美国当商人需要很强的表达能力，而近年来，日本对于表达能力似乎也越来越重视了。

如前文所述，AO 考试正在普及，自身表达能力优秀的学生比起笔试测验成绩高的学生更有机会考上大学。所以比起那些拼命学习的人，用心钻研演技、“夸大”技巧，以及“如何展现自己能给人留下好印象”的人反而更容易在这个世界生存。

当这些通过AO考试进入大学的人陆续毕业走入社会，社会很快也会被这群可能是表演型的人所渗透。因此，今后要在这个世界生存，最重要的就是先要对表演型的人有所了解。

如之前例子中提到的，从前在日本，朴实无华的人比表演型的人更容易获得认同，但从今往后表演型的人会越来越多，如果没有对他们的免疫力，尤其是保持着日本人传统价值观的人，势必心理上会受到不少打击。

例如，若有年轻职员在做提案时像美国人那样加入很多肢体动作，表演性过强的话，现在的日本人大概会感到非常惊讶："他这有点太过了吧！"因为如此"花枝招展"的人现在还不太常见。不过，在今后的时代，这种"花枝招展"的做法将成为常态，尤其是在面对外国企业时，比起传统的日本式提案，华丽的提案方法更容易得到对方较高的评价。

日本人不善于做提案是非常出名的，这是因为日本人自古就觉得"谦虚""低调"是一种美德。这种"谦虚""低调"对比较了解日本的外国人可能适用，但对于完全不了解日本的外国人来说，则完全理解不了日本人为什么要一面说着"一点小意思，不成敬意"，一面送出昂贵的土特产。

面对不了解日本的外国人若能搭配肢体动作，并强调说："这是某地产的特级品，一般很难买到"，一定会比说"一点小意思，不成敬意"更能让对方高兴。

确实，有些人看到表演型的人华丽的提案，或是在"脸书"或"推特"等社交网络上看到过度推销自己的人时会感到不快。说实话，我自己也很难理解表演型者的"夸大"。

但是，若从表演型者不断增多的社会变化来看，具有对表演型者的包容性也是十分重要的。为此，我们也得培养出对表演型者的免疫力。

在现实生活中，表演型的人认为只是"夸大"程度的事情，一般人大都会觉得是种欺骗，也因为这样，有时在人际交往时便会产生问题。不过，表演型的人属于"虽然希望自己受到关注，但也希望大家都开心、高兴"的类型，从某种意义上讲，是非常具有服务精神的一群人。

所以我们不要只是否定他们，更重要的是，要对他们的个性有所了解，并以能够辨别真伪的眼力来应对他们。我认为只有能做到这些的人，才称得上是具有社会适应能力的人，才能避免走进“虚假人设”的误区。

“虚假人设”自取灭亡的宿命

在网络如此普及的时代，成名的风险是非常高的。知名度一提高，网络上就出现大量批判的水军，甚至连私生活都惨遭曝光的例子数不胜数。

作为偶像出道的女生一旦成了名，或是女主持人一旦有了名气，学生时代与恋人的合照就会被公布在网上，更有甚者，因吵架分手的前任可能会为了报复而放出下流的照片。

在社交媒体或博客上出名的人，也很容易遭到嫉妒，或无故遭人怨恨，而在网络上被大肆批判、严重中伤或饱受骚扰。

这样的事情在网络世界中可谓是稀松平常。肯定会有人好奇，“爱夸大”的人会如何应对这些事情呢？他们因为是在“夸大”自己，所以一定时时刻刻都在担心这种“夸大”什么时候会被揭穿吧？

肖恩 K 便是夸大了自己的学历及经历，电视上播出他痛哭道歉的影像时，其实从中可以看出他担心不知何时会被发现的“夸大”经历而战战兢兢的样子。我想，他越是变得有名，越是会担心真相被公之于众的那一天吧。

本来，肖恩 K 在出名之前应该不怎么担心“夸大”会被揭穿。因为没有人会去攻击一个无名小卒。只要不出名，大概就不会有人揭发他的“夸大”。正因如此，他即便有所“夸大”也毫不在乎，久而久之感觉也就跟着麻痹了吧。但是，一旦出了名，越来越受到瞩目时，知道他的过去或真相的人就会试图拆穿他：“那个人的学历实际上……”或是：“他说的经历都是假的，其实吧……”

在社交网络的世界中横行的表演型的人或自恋型的人，为了引人注目便会“夸大”自己。但若是出了名，“夸大”的事就会成为他们的枷锁。当然，“夸大”也是各种各样的，像学历造假或经历造假这种很容易被揭穿的“夸大”，就像是怀里揣了一颗定时炸弹，不知道什么时候就会爆炸，根本无法安然度日。所以在这个想出名、想红的人特别多的时代，被揭发的风险也是极大的。

在“爱夸大”者聚集的社交网络中，虽说可以随意地去夸大自己，引人注意，但同时不能忘记，或许有那么一天，自己将不得不亲手揭下自己的“夸大”面具。

借由夸大出名，并至死不被人揭穿的美好人生，在这个时代，恐怕是不大可能实现的。

充实内在
远胜于美化外在

日本人最糟糕的地方在于，实行改革后不去总结成果。

例如 1999 年将高收入人群的所得税由最高 65% 降到了最高 50%，当时实施这一政策的理由是“让有钱的人手里更有钱，可以促进他们投资，或促进他们消费，购买奢侈品，以此来拉动市场”。

而结果是，只有改革的第一年日经平均股价从年初的 13000 日元上升到了 18000 日元，三年后却下降到了 8500 日元。

所以从结果上看可以判断出：“让有钱人手里更有钱，就像流感一样，只是一时促进了消费，并没有从根本上拉动市场。”但现实中也没有人提出：“既然失败了就停止改革吧。”这种对有钱人的优待税率还拖拖拉拉地维持了 10 年之久。而这段时间，众所周知，日本的国债增加了几亿日元。

另外，日本企业为了在全球化中闯出一片天地，从 10 年前就引进了美式的成果主义的人事制度。不过这项新制度不仅没让景气回升、创造出新兴产业，反而因成果主义让职场的人际关系变得矛盾频出，甚至使非正规雇佣员工大幅增加，以致员工丧失了工作动力。

明明事态已演变至此，却没有人总结美式变革的失败，也没有人提出：“不要再向美国学习了。”

在教育领域内也是如此。被揶揄为愚民政策的宽松教育表面上虽遭到废除，但在学生内部评定成绩报告书中笔试测验的比例却异常低，给予意愿或态度这种容易被“夸大”的部分的分数比例则更多。同时，综合性学习时间的考核与面试的引入，尽管没有多少成效，却成为现在日本教育改革的基本路线。并且，自 2021 年春季开始，包括东京大学在内的所有大学的招生考试都将采用 AO 考试的形式，大学入学中心的测验也将引进综合性问题考试。

诚如前述，日本的教育从对学习能力的评价逐渐转向了对人的评价，以至于学生越来越重视“他人对自己的看法”，从而为了获得他人的认同，去夸大自己的能力，塑造不属于自己的人设形象。

而另一方面，在年轻人聚集的社交网络中，“爱夸大”者为了获得名气，也疯狂地“卖人设”。到头来，日本的教育体制反倒成了促成“爱夸大”者增多的体制。

一个完美的人设可以让人获得名气、受到瞩目，一个完美的人设可以被视作人才，让企业争相录用。在日本，“爱夸大”者能得利的文化还将延续下去。

美国第35任总统约翰·肯尼迪，是一位能够写出优秀论文的非常有能力的人，却不擅长演讲。据闻他找了一位演讲稿撰写人，跟着此人拼命练习，最终才赢得了选举。

有优秀的内在却不会表现的人，也要去学会塑造属于自己的形象，让更多的人能够认同自己。但是，没有内在的人，无论怎么在表现力上下功夫，因为没有内在也很难和人去竞争。即使有专业的团队为他塑造了一个饱满的人设，也会因为内在的不足而撑不下去，最终导致人设崩塌。

用演员来作比喻可能更容易理解。好演员，让他演一流的科学家，便能够演得像是一位一流的科学家；让他演一流的政治家，也能够演得像是一位一流的政治家。他演得可能比真正的科学家或政治家看上去都更传神。

但是，他只能活跃在荧幕上，并不能让科学进步，也无法推行好的政策（在日本，艺人成为政治家并不罕见，因为就算拿不出什么成绩但是很会表演，也容易让人误以为他干得还不错）。无论外表再怎么像，若缺乏内涵，终究只能流于表面。

"爱夸大"者猖獗的时代已经到来，可以预见"纸老虎"将会越来越多，因此，我们应该回归原点，重新拾起"充实内在远重于美化外在"这一观念，只有这样，才能真正打造属于个人的完美人设。

我们不要被"夸大"时代的潮流所淹没，而应提高自己的辨识能力；只有脚踏实地地去充实自己的外在形象，自己的未来才不会"人设崩塌"。

所以，只有面对真实的自我，努力去充实自己，才能打造属于自己的完美人设，才能在这个“卖人设”的时代屹立不倒。